# 一学就会的
# 小家电美食

主编○张云甫　　　　编写○牛国平　牛翔

U0219251

青岛出版社
QINGDAO PUBLISHING HOUSE

# 用爱做好菜　用心烹佳肴

不忘初心，继续前行。

将时间拨回到 2002 年，青岛出版社"爱心家肴"品牌悄然面世。

在编辑团队的精心打造下，一套采用铜版纸、四色彩印、内容丰富实用的美食书被推向了市场。宛如一枚石子投入了平静的湖面，从一开始激起层层涟漪，到"蝴蝶效应"般兴起惊天骇浪，青岛出版社在美食出版领域的"江湖地位"迅速确立。随着现象级畅销书《新编家常菜谱》在全国摧枯拉朽般热销，青版图书引领美食出版全面进入彩色印刷时代。

市场的积极反馈让我们备受鼓舞，让我们也更加坚定了贴近读者、做读者最想要的美食图书的信念。为读者奉献兼具实用性、欣赏性的图书，成为我们不懈的追求。

时间来到 2017 年，"爱心家肴"品牌迎来了第十五个年头，"爱心家肴"的内涵和外延也在时光的砥砺中，愈加成熟，愈加壮大。

一方面，"爱心家肴"系列保持着一如既往的高品质；另一方面，在内容、版式上也越来越"接地气"。在内容上，更加注重健康实用；在版式上，努力做到时尚大方；在图片上，要求精益求精；在表述上，更倾向于分步详解、化繁为简，让读者快速上手、步步进阶，缩短您与幸福的距离。

2017 年，凝结着我们更多期盼与梦想的"爱心家肴"新鲜出炉了，希望能给您的生活带来温暖和幸福。

2017 版的"爱心家肴"系列，共 20 个品种，分为"好吃易做家常菜""美味新生活""越吃越有味"三个小单元。按菜式、食材等不同维度进行归类，收录的菜品款款色香味俱全，让人有马上动手试一试的冲动。各种烹饪技法一应俱全，能满足全家人对各种口味的需求。

书中绝大部分菜品都配有 3~12 张步骤图演示，便于您一步一步动手实践。另外，部分菜品配有精致的二维码视频，真正做到好吃不难做。通过这些图文并茂的佳肴，我们想传递一种理念，那就是自己做的美味吃起来更放心，在家里吃到的菜肴让人感觉更温馨。

爱心家肴，用爱做好菜，用心烹佳肴。

由于时间仓促，书中难免存在错讹之处，还请广大读者批评指正。

美食生活工作室

2017 年 12 月于青岛

# 第三章

## 豆浆机

# 第四章

## 酸奶机

# 第五章

## 冰激凌机

# 第六章

## 微波炉

# 第七章

## 果汁机

# 第八章

## 电饼铛

# 第九章

## 料理机

# 第十章

## 面包机

## 本书经典菜肴的视频二维码

蜜汁叉烧
（图文见 15 页）

蛋白瓜子酥
（图文见 27 页）

轻乳酪蛋糕
（图文见 29 页）

电饭锅版蜂蜜蛋糕
（图文见 52 页）

# 第一章

## 电烤箱

电烤箱发热温度高，
空间大，
适用于制作烤鸡、
烤肉等菜式。
而制作烘焙产品，
更是烤箱最基本的用途。

# 家用电烤箱有"四选"

**选功率：**

常见的烤箱功率一般在500~1500瓦之间。如果家里人口少，宜选用700瓦以下的电烤箱；反之，可选用700瓦以上的电烤箱。

**选款式：**

电烤箱的款式主要有立式和卧式两种。立式的比较适合厨房不是很大的家庭；卧式的则适合厨房面积大一些的家庭。

**选功能：**

首先，烤箱必须具有火力可调功能，即可以选择上火加热或是下火加热或是上下同时加热。其次，在定时设置方面，最好选择定时范围在0~60分钟可调的，或者有持续加热挡的。三是烤箱的温度范围要大一些，一般烤箱都具有100~250℃可调，有些烤箱还有40~100℃的低温挡。四是如果家里经常吃烤全鸡全鸭，最好选用带有360°旋转烤制功能的烤箱，使其受热均匀。

**选类型：**

电烤箱所用的发热元件可分为三类：一类是选用一根远红外管和一根石英加热管的电烤箱，是档次较低的类型；一类是采用两根远红外管和一根石英加热管的电烤箱，比前者加热速度快，但价格稍贵一点；还有一类是在附件中备有一根紫外线加热管，可附带用于高温消毒。

# 家用电烤箱选购"七看"

当您确定要购买哪一款家用电烤箱时，要做到以下"七看"。

**看外观：**

外表漆层无脱落、划痕，玻璃窗安全牢固，透明度高，箱门开关灵活，旋钮转动自如，刻度字迹清晰。

**看功能：**

一种是属于"经济型"的，这种烤箱应具备定时器和加热选择开关；另一种属于"豪华型"，这种烤箱除具有经济型的功能外，还具有自动调温功能，操作更为方便。

**看附件：**

检查随机附件是否齐全，如柄叉、烤盘、烤网等。

**看电源插头和线路：**

接线要牢固，接地线完好，并无接触不良现象。同时要保证线路的任何部分都不能漏电。

**看通电试验：**

先看指示灯是否点亮。变换功率选择开关位置，观察上、下发热元件是否工作正常。

**看恒温性能：**

可将温度调节钮调到200℃，双管同时工作20分钟左右，烤箱内温应达到200℃。然后烤箱能自动断电，指示灯熄灭。若达到如上要求，说明其恒温性能良好，否则为不正常。

**看清理方便：**

电烤箱的内箱会经常受污染，所以除中间要光洁外，烤箱的四角最好是圆的，以便于清洗。

## 主料

菠萝 .......................................... 1个

## 调料

蜂蜜 .......................................... 适量

## 做法

① 菠萝去皮洗干净，切成片，放在淡盐水中泡10分钟，捞出控干水分。

② 烤盘上垫上锡纸，摆上菠萝片，放入预热至180℃的烤箱中，烤约10分钟。

③ 烤好后，取出装盘，淋上蜂蜜，即可食用。

烤蜂蜜菠萝

烤猕猴桃串

## 主料

猕猴桃 .......................................... 2个

## 调料

番茄酱、苹果醋、白糖、色拉油 .......................................... 各适量

## 做法

① 将猕猴桃洗净去皮，切成2厘米见方的块，然后取四块为一组穿在竹签上。依法逐一穿完，待用。

② 将烤箱预热至200℃时，把猕猴桃串刷上色拉油和苹果醋，入烤箱烤约2分钟。

③ 时间到后取出，再刷上色拉油和苹果醋，续烤约1分钟，取出装盘。淋上番茄酱，撒上白糖即成。

# 烤香瓜子

制作时间 15分钟 难易度 ★

## 主料

| 葵花子 | 500克 |
|---|---|

## 调料

| 白糖 | 25克 |
|---|---|
| 桂皮 | 2克 |
| 茴香 | 1克 |
| 盐 | 适量 |

## 做法

① 将葵花子淘洗干净，晾干水分。

② 坐锅点火，添入适量清水烧开，放入葵花子、桂皮、茴香和盐。

③ 以中火煮至锅内汤汁基本收干时，加入白糖，炒匀后倒在烤盘上，摊开晾冷。

④ 将烤箱调至180℃，放入葵花子烤约8分钟，取出晾凉，即可食用。

## 要点提示

· 加入桂皮是为了增香，但不可多。否则，成品有苦味。

# 烤红薯

制作时间
45 分钟

难易度
★

## 主料

红薯          3个

### 要点提示

· 红薯不宜太大，否则不易
烤熟。其烤制时间应根据
红薯大小灵活掌握。

· 烤时箱温不要过高，避免
红薯外皮发糊而里面烤不
透。

## 做法

① 买回来新鲜红薯。

② 洗净红薯表面污泥，控干
水分。

③ 将烤箱调至200℃预热5分
钟，把红薯放在烤网上。

④ 关上烤箱门，烤约半小时。

⑤ 戴上厚手套，将烤网取
出，待红薯稍晾凉，即可
食用。

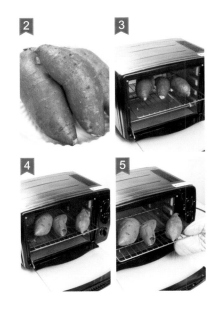

# 烤香甜栗子

制作时间 45分钟　难易度 ★

## 主料

| | |
|---|---|
| 去皮栗子 | 250克 |

## 调料

| | |
|---|---|
| 蜂蜜 | 10克 |
| 白糖 | 10克 |
| 色拉油 | 5克 |

## 做法

① 栗子肉洗净，沥干水分，用刀在表面切上十字刀口。

② 将10克清水放在碗中，加入蜂蜜和白糖调匀，待用。

③ 将栗子肉盛入容器内，加入色拉油和盐拌匀，待用。

④ 烤盘中铺上一层锡纸，倒上栗子，放入预热至200℃的烤箱中烤约20分钟，取出。

⑤ 均匀地刷上蜂蜜水，再烤15分钟至栗子熟透即可。

## 要点提示

· 给栗子肉切上刀口，便于入味和烤熟。

· 烤到一半时间时应拿出来尝尝，不要一直烤制，以免烤糊。

# 烤蘑菇

制作时间
30分钟

难易度
★★

## 主料

| | |
|---|---|
| 鲜蘑菇 | 40只 |

## 调料

| | |
|---|---|
| 蒜蓉 | 20克 |
| 黑胡椒粉、盐、迷迭香料、色拉油 | 各适量 |

## 做法

① 制作烤蘑菇所需材料

② 将鲜蘑菇用淡盐水洗净，晾干水分，用小刀在表面切上"米"字刀纹。

③ 每三只蘑菇为一组穿在竹签上，待用。

④ 将蘑菇串刷上色拉油后摆在烤盘上，然后撒上蒜蓉、黑胡椒粉、盐和迷迭香料。

⑤ 将烤盘放入预热至180℃的烤箱内烤20分钟即可。

### 要点提示

· 鲜蘑菇要选择大小一致的，以免烤制后生熟程度不同。

· 鲜蘑菇表面光滑，烤制前最好用锋利的小刀划上刀口，便于入味。

扫码看视频

## 要点提示

· 红曲米是一种天然色素，是使肉色泽红亮的关键，在菜市的香料店可以买到。

· 梅肉是指猪前臀尖肉，肉中无筋，肥瘦相间，在超市肉柜里会有特别标明。梅肉也可以用肥瘦相间的猪腿肉或瘦点的五花肉代替。

· 如果家里冰箱有0℃冰藏层，那么放在里面腌上5天就更入味了。如果把肉尽量切成长细条，入味比较快，但是烤的时间也要相应缩短。根据肉块的大小，和烤箱的温度不同，烤熟的时间也不同。

· 如果买不到海鲜酱的话，可以用蚝油代替，同时要多放些糖和蒜头。我每次会烤2斤的肉，吃不完的分包起来放入冷冻室，吃的时候先解冻，再用180℃烤8~10分钟，再刷点蜂蜜即可。

# 蜜汁叉烧

制作时间 60 分钟　难易度 ★★

## 主料

| | |
|---|---|
| 猪梅肉 | 1000克 |

## 调料

| | |
|---|---|
| 大蒜 | 15瓣 |
| 香葱 | 2根 |
| 生姜 | 3片 |
| 新鲜橙皮 | 1块 |
| 白糖 | 50克 |
| 盐 | 1/2小匙 |
| 生抽 | 40克 |
| 料酒 | 30克 |
| 老抽 | 1小匙 |
| 海鲜酱 | 30克 |
| 红曲米 | 15克 |
| 南乳汁 | 30克 |

## 做法

① 大蒜切碎，香葱切段。红曲米加1倍量的水，用搅拌机打成泥。

② 猪梅肉去皮，切成条块状。

③ 取一个大盆，放入所有调料。

④ 用手将盆中的调料抓匀，放入肉块，用手抓拌2分钟。

⑤ 取2个食品用塑料袋，将盆内的肉及腌料倒入袋中，放入冰箱中冷藏2天2夜，期间要翻转2次。

⑥ 将腌好的肉块稍稍冲洗一下。烤箱预热230℃，烤盘垫锡纸。

⑦ 肉块放于烤网上，置于烤箱中层，烤盘放最底层，烤箱设定230℃，上下火，烤40分钟后取出翻面，再烤20分钟。

⑧ 期间每过20分钟要取出一次，在肉块表面刷上蜂蜜，继续放回烤箱烤至结束即可。

# 烤肥肠串

## 主料

熟白肥肠500克

## 调料

黑胡椒酱30克，盐、料酒、葱姜水、干淀粉、香菜末、香油各适量

## 做法

① 将熟肥肠横着切成2厘米长的小节，放在小盆内，先加黑胡椒酱拌匀，再加盐、料酒、葱姜水和干淀粉抓匀，腌约半小时至入味，再加入香菜末和香油拌匀。

② 将竹签用热水消毒后，揩干水分。

③ 每只竹签上穿上5段肥肠，即为肥肠生坯。

④ 将烤盘上刷上一层色拉油，摆上肥肠串，放进预热至250℃的烤箱内烤约5分钟，即可取出食用。

# 烤香辣牛肉

## 主料

牛柳肉500克，芝麻25克

## 调料

辣椒粉25克，红葡萄酒50克，生抽、盐、胡椒粉各适量，色拉油40克

## 做法

① 牛柳肉用刀拍松，切成0.3厘米厚的大片，放在小盆内，加入盐、胡椒粉和生抽拌匀，腌10分钟。

② 将腌好的牛肉片蘸上辣椒粉与芝麻，平放在铁丝网上。

③ 将烤箱预热至200℃，底层放一烤盘接滴下的油，送入牛肉片烤5分钟，再降低箱温至150℃烤5分钟即可。

# 五香牛肉干

制作时间
75分钟

难易度
★★

## 主料

| | |
|---|---|
| 牛肉 | 500克 |

## 调料

| | |
|---|---|
| 白糖 | 30克 |
| 酱油 | 30克 |
| 料酒、葱段 | 各适量 |
| 五香粉 | 3克 |
| 花椒 | 2克 |
| 姜片、盐 | 各适量 |

## 做法

① 准备制作五香牛肉干所需材料。

② 将牛肉切成条状，备用。

③ 将牛肉条放入加有料酒的水锅中，煮20分钟。

④ 将煮好的牛肉条捞出，切成2厘米见方的丁。

⑤ 锅内放适量水上火，加入牛肉丁、葱段、姜片、花椒和五香粉，旺火烧沸后改中火把肉煮至软烂离火。

⑥ 捞出牛肉丁，沥干水分，加酱油、白糖拌匀。将肉丁放在烤盘内，入预热至80℃的烤箱中烤45分钟，至肉丁烘干即可出箱。

# 烤羊肉串

## 主料

羊脊背肉400克，羊尾油100克，鸡蛋清1个，红薯淀粉30克

## 调料

盐10克，料酒10克，老抽8克，生抽5克，十三香粉6克，辣椒面、孜然粉各适量

## 做法

① 羊脊背肉和羊尾油洗净，入冰箱适当冷藏变硬，取出切成1厘米左右的小块。放在小盆内，用温水浸泡一会，控尽水分。

② 加入其他所有材料拌匀，腌制约20分钟。将每只竹签上穿三块羊肉及一块羊油，放在烤网上。

③ 送入预热至200℃的烤箱中烤8分钟取出，刷上色拉油，撒上辣椒面和孜然粉，再烤2分钟，即可食用。

# 烤蔬香羊肉卷

## 主料

羊脊背肉200克，洋葱、土豆各75克

## 调料

盐、胡椒粉、料酒、色拉油各适量

## 做法

① 羊脊背肉剔净筋膜，切成大薄片，撒上盐、胡椒粉和料酒拌匀腌5分钟，待用。

② 洋葱、土豆分别去皮洗净，切丝，与盐拌匀，放在肉片一端，然后卷起成卷，备用。

③ 将羊肉卷刷上一层色拉油，摆在烤盘上，送入预热至200℃的烤箱中烤6分钟取出，翻转，再刷一层色拉油，续烤5分钟，即成。

# 酱烤羊排

制作时间 60分钟

难易度 ★★

## 主料

| 羊肋排 | 500克 |
|---|---|

## 调料

叉烧酱50克，蚝油30克，蒜泥20克，盐5克，白糖5克，大葱2节，姜1块，黑胡椒碎少许

## 做法

① 准备制作酱烤羊排所需材料。

② 羊排洗净，每两根为一组顺骨缝划开，剁成6厘米长的块。

③ 将羊排块加入冷水锅中，煮开后撇去浮沫。

④ 锅中加入姜、葱，改小火煮30分钟，捞出沥水。

⑤ 将排骨上倒入蒜泥、盐、白糖、叉烧酱、蚝油和黑胡椒拌匀，入冰箱内冷藏2小时以上。

⑥ 将锡纸剪成长15厘米、宽10厘米的小张，每张包裹上一块羊排。

⑦ 放入预热至250℃的烤箱中层烤15分钟。

⑧ 取出烤羊排，打开锡纸包，装盘即可。

# 奥尔良烤翅

制作时间
30分钟

难易度
★★

## 主料

| | |
|---|---|
| 鸡翅中 | 8个 |
| 生菜叶 | 3片 |

## 调料

| | |
|---|---|
| 盐 | 1克 |
| 番茄沙司 | 30克 |
| 卡真 | 10克 |
| 白糖 | 25克 |
| 孜然、黑胡椒粒 | 各5克 |
| 海鲜酱油、蚝油 | 各少许 |

## 做法

① 准备制作奥尔良烤翅所需材料。

② 将鸡翅中上的残毛去净，洗净，揩干水分，用刀在内面横切两刀。

③ 将翅中盛入容器内，加入卡真、孜然、黑胡椒粒、盐、白糖、海鲜酱油和蚝油。

④ 将调料与翅中一同拌匀盖上盖，置冰箱冷藏室腌3小时至入味。

⑤ 烤盘上涂一层色拉油，摆上腌好的鸡翅中，放入预热至180℃的烤箱内烤15分钟至八成熟。

⑥ 再用200℃箱温烤3分钟，取出装盘，点缀上消毒的生菜，即可上桌。

## 要点提示

· 腌鸡翅时，卡真是必须放的调料，超市有售。如无，可取蒜瓣剁成末，用温油炸黄炸干，加上辣椒末、孜然和盐合磨成粉代替。

· 最后用高温烤3分钟，可使表皮更焦黄诱人。

# 黑椒翅根

制作时间 40 分钟　难易度 ★★

## 主料

| | |
|---|---|
| 鸡翅根 | 10个 |

## 调料

| | |
|---|---|
| 红酒 | 50克 |
| 蚝油 | 50克 |
| 黑胡椒粉 | 25克 |
| 黑胡椒碎 | 5克 |
| 盐 | 5克 |
| 葱 | 3段 |
| 生姜 | 5片 |
| 香油 | 20克 |

## 做法

① 将翅根解冻，拨净残毛，洗净，沥干。用牙签在鸡翅根表面扎无数的小孔。将所有调料一起放入小碗内调匀成腌料汁。

② 把鸡翅根置于保鲜盒内，倒入腌料汁，拌匀，盖上盖放入冰箱冷藏，腌6小时以上。

③ 将烤盘上铺一张锡纸，间隔放上腌好的鸡翅根，并在表面撒上少许黑胡椒碎。

④ 烤箱调至180℃预热5分钟，放入鸡翅根烤至10分钟时，打开箱门，将鸡翅逐一翻面，再烤10分钟，即可取出食用。

### 要点提示

· 鸡翅用牙签扎无数小眼，是为了在腌制时调味料容易进入鸡翅根内部。

· 用手充分拌鸡翅根，是为了更易入味。

# 松花鸡腿卷

制作时间
15分钟

难易度
★★

## 主料

| | |
|---|---|
| 去骨肉鸡腿 | 1只 |
| 松花蛋 | 2个 |

## 调料

| | |
|---|---|
| 姜末 | 5克 |
| 香菜末 | 5克 |
| 盐、黑胡椒粉 | 各适量 |

## 做法

① 松花蛋剥去泥壳，洗净切条。

② 将鸡腿皮朝下放在案板上摊平，撒上盐和黑胡椒粉腌5分钟。

③ 把松花条摆在鸡腿肉中间，撒上姜末和香菜末，顺长卷起成卷。

④ 用锡纸包好，拧成糖果形状，放进预热至200℃的烤箱中层，用上下火烤20分钟。

⑤ 时间到后取出鸡腿，打开锡纸包，再入烤箱内，用220℃的箱温烤制10分钟。

⑥ 直到表面变得焦金黄色即可取出，稍微冷却，切片摆盘上桌。

# 烤孜然鸡肉串

制作时间 30分钟    难易度 ★★

## 主料

| | |
|---|---|
| 带皮鸡腿肉 | 200克 |
| 鸡蛋 | 1个 |
| 淀粉 | 5克 |

## 调料

| | |
|---|---|
| 盐 | 5克 |
| 孜然、辣椒粉 | 各适量 |

## 做法

① 鸡腿肉皮朝下放在案板上，用刀尖戳数下。切成5厘米长、小指粗的条，放在小盆内，加入鸡蛋、淀粉和盐拌匀，腌制半个小时左右。

② 腌好的鸡肉条串在竹签上，放入预热至250℃的烤箱内烤6分钟。

③ 时间到后，取出来撒上孜然，再放入烤箱烤6分钟，取出，撒上辣椒粉即可食用。

# 豆豉烤鱼

制作时间 30分钟

难易度 ★★

## 主料

草鱼 1条

## 调料

豆豉酱75克，蒜末20克，料酒10克，辣椒末5克，孜然粉5克，色拉油适量，葱2段，生姜3片，盐适量，鲜汤50克

## 做法

① 将草鱼去鳞抠鳃，剖腹去内脏后洗净。

② 揩干内外水分，在两侧拉上刀口。

③ 将葱姜塞入鱼腹中，用料酒和盐抹匀鱼刀口及表面，腌约10分钟。

④ 坐锅点火，放色拉油烧热，下蒜末炒黄，再下辣椒末和豆豉酱炒香。

⑤ 加鲜汤、孜然粉稍煮，离火待用。

⑥ 在烤盘内铺上锡纸，涂薄油层，放上鱼，刷一层油，入预热至220℃的烤箱中烤8分钟。

⑦ 取出翻面，浇上做好的豆豉味汁。

⑧ 再入烤箱烤8分钟即可。

扫码看视频

# 蛋白瓜子酥

参考分量 约18片

难易度 ★★

## 材料

A：蛋白40克，糖粉40克，色拉油40克，低筋面粉40克，细盐1/16小匙

B：葵瓜子仁60克

## 特殊用具

手动打蛋器、面粉筛、硅胶垫（或油布

## 准备工作

葵瓜子仁先放入烤箱，以150℃、中层烤10分钟，放凉

## 做法

① 色拉油加糖粉、盐搅拌均匀，再加入蛋白（无需打发）搅拌均匀。

② 加入过筛低筋面粉。

③ 用手动打蛋器搅拌均匀，拌成面糊。

④ 在垫有油布或硅胶垫的烤盘上，将面糊摊成薄的圆饼形。

⑤ 将剩余的面糊均匀地分散到每个圆饼，用小勺分摊均匀。

⑥ 再把烤熟的葵瓜子仁均匀地撒在圆饼表面。

⑦ 烤箱于175℃预热，以175℃、上层、底下垫双烤盘烤10~12分钟，至表面呈微金黄色即可。

## 要点提示

· 薄片饼干一定尽量摊薄，而且每片厚薄要均匀一致，才能保证受热均匀，同时出炉。

· 刚烤好的饼干有些软，如果有些弯曲变形，可以用平盘在上面压平，放凉一会就变硬、变脆了。

· 烤好的饼干放凉后要立即密封保存。

# 轻乳酪蛋糕

参考分量
七寸

难易度
★ ★ ★

## 材料

A：奶油奶酪 150克，鲜奶
150克

B：蛋黄3个（60克），黄油
38克，低筋面粉30克，玉
米淀粉20克

C：蛋白3个（120克），细砂
糖75克

## 特殊用具

7寸活底圆模、手动打蛋器、
电动打蛋器、橡皮刮刀、锡
纸、烤箱

## 做法

① 奶油奶酪切小块，加入1/4的鲜奶隔温水软化。一边加
热，一边搅拌至呈乳膏状时端离热水。

② 分次少量地加入剩下的3/4鲜奶，一边加一边用手动打蛋
器搅拌均匀。

③ 分次加入蛋黄，用手动打蛋器搅拌均匀。

④ 黄油切小块隔水化成液态，加入步骤3奶酪糊中搅拌均
匀。

⑤ 筛入低筋面粉及玉米淀粉。

⑥ 用手动打蛋器搅拌均匀至无面粉颗粒。

⑦ 蛋白加砂糖打至湿性发泡（约八分发）。

⑧ 取1/3蛋白霜加入步骤6面粉糊内，用橡皮刮刀翻拌均匀。

⑨ 倒回剩下的2/3蛋白霜内混拌均匀。

⑩ 所有材料倒入底部包有锡纸的活底圆形模具内。

⑪ 蛋糕糊放烤箱倒数第二层，底部插一盛满水的烤盘，以
   150℃烤40分钟，转170℃烤20分钟即可。

⑫ 烤好的蛋糕放至自然冷却，在表面涂上黄色果胶，再移入
   冰箱冷藏6小时脱模。

## 要点提示

· 冷藏保存的奶酪不易搅拌均匀，要隔水加热软化后才容易搅拌。

· 轻乳酪蛋糕的蛋白不宜打发过度，否则烘烤时会膨胀开裂，并且口感干燥。

· 蛋白的含糖量高，若只打至八分发，拌好的面糊流动性很大，最好在活底模具外包上锡
  纸以防渗漏。

· 切蛋糕先用热水把刀烫一下，切得会比较漂亮。每切一次都要重新洗干净再切。

· 水浴法：为保持芝士类蛋糕口感湿润、细腻，多采用隔水烘烤法。最底层插一烤盘，里
  面盛满水，倒数第二层插烤网，摆放蛋糕模，但在烘烤过程中要始终保持烤盘内有水。
  烤好的蛋糕无需倒扣，口感和普通的戚风蛋糕是完全不同的。

# 第二章

## 电饭煲

电饭煲除了可以做米饭、熬粥，
还可以炖肉、做菜、这些功能你都知道吗？

## 电饭煲的选购

1. 可以选择集多种功能于一身的电饭煲，不仅有煮饭、煮粥的功能，而且还可以炖汤、做蛋糕等。

2. 根据家庭人数选用不同容积的电饭煲，如三口之家，宜选3升的；而人数再多，不妨选择5升，单身或二人世界的，应选容量为2升的。

3. 在购买时一定要检查产品是否有3C标志、产品说明书、保修卡、装箱配件单、出厂合格证等。

4. 检查电源线是否为双层绝缘，线芯是否大于等于0.75平方毫米。

5. 从不同角度观察：外表无划伤、变形等，各零部件的接合处光滑，内胆的涂层均匀但没有脱落之处。

6. 先用手上下触动几次功能按钮，看一下磁钢吸合是否良好，正常情况下，按下去，拔上来时有清脆的"嗒"声。

7. 接通电源后，按下功能选择按钮，指示灯应发亮，用手摸发热盘感觉发热。

8. 先把内锅（或称内胆）放进外壳，左右转动数次，检查内锅与外壳底部的发热板是否吻合。吻合的使用效率就高。

9. 接上电源后，用手指碰触外壳，不应有发麻的感觉。

## 电饭煲使用注意事项

1. 新电饭煲在使用前，应在内锅添满水煮一会儿。这样不但可以进行锅内清洁，而且也可以检查电饭煲是否好用。

2. 煮饭、炖肉时应有人看守，以防汤水溢出流入电器内，损坏电器元件。

3. 不应在内锅进行淘米。因为米粒有硬度，会把内锅涂层破坏掉。

4. 电饭煲内锅受碰后容易发生变形，内锅变形后底部与电热板就不能很好吻合，导致烹调时受热不均。所以使用时要轻拿轻放，以免磕碰电饭煲。

5. 在搅拌米粥、米饭，或翻拌菜肴和面食时，应用木匙或竹筷子。如用铁铲或不锈钢铲子，会刮掉内锅涂层。

6. 使用电饭煲时，应保证锅底和发热板之间接触良好，可将内锅左右转动几次。

7. 使用时，应将蒸煮的食物先放入锅内，盖上盖，再插上电源插头。取出食物之前应先将电源插头拔下，以确保安全。

8. 使用时，应将蒸煮的食物先放入锅内，盖上盖，再插上电源插头。取出食物之前应先将电源插头拔下，以确保安全。

9. 用完电饭煲后，应立即把电源插头拔下。否则，自动保温仍在起作用，既浪费电，也容易烧坏元件。

10. 使用中还应该保证电饭煲内胆和电热盘之间的清洁，避免出现水点、饭粒等杂物，这样会影响煮饭的效果，严重时有烧坏元器件的可能。

11. 在购买了较大功率的电饭煲后，一定不要与其他电器共用一个组合插座，这样会导致插座容量不够，使电源线温度过高，发生危险。

# 家常番茄蛋

制作时间
15 分钟

难易度
★

## 主料

| | |
|---|---|
| 鸡蛋 | 3个 |
| 番茄 | 1个 |

## 调料

| | |
|---|---|
| 葱花 | 5克 |
| 白糖 | 5克 |
| 盐、色拉油 | 各适量 |

## 做法

① 西红柿洗净，剖成两半，去蒂，切成滚刀块，备用。

② 鸡蛋磕入碗内，加入盐调匀，待用。

③ 电饭煲接通电源预热2分钟，放入色拉油加热2分钟，倒入鸡蛋液，合上煲盖。待"煮饭"键跳起后，掀开煲盖，用筷子把鸡蛋搅成碎块，盛出待用。

④ 煲中再放适量色拉油加热2分钟，放入葱花爆香，倒入番茄块，加盐和白糖拌匀，盖上煲盖。

⑤ 待加热至"煮饭"键跳起后，掀开煲

## 要点提示

· 西红柿最好切成滚刀块，并且大小一致。

· 调味时加少量白糖，可以中和番茄的酸味。

**要点提示**

· 用电饭煲做炒菜，需先把内锅预热，放入底油烧热后，再下葱、姜、蒜、辣椒等调料爆香，然后倒入主料，合上煲盖，加热至八成熟，加入配料和调料，再合上煲盖加热成熟入味，即可出锅装盘。

· 由于炒菜要经过预热、热底油、爆锅、下主料、下配料和调味等几个工序，每加一次原料，都应合上煲盖。其每次的加热时间，应据主料的多少和易熟程度而定。如果主料少且易熟，不需等待"煮饭"键跳起，约2分钟就应打开煲盖，加入配料和调味。如果主料多且不易熟，就应等"煮饭"键跳起，再打开锅盖。至于加入配料和调料后，也不需等"煮饭"键跳起，约半分钟至2分钟即可。

# 青椒肉丝

制作时间
15 分钟

难易度
★★

## 主料

| | |
|---|---|
| 猪肉 | 200克 |
| 鸡蛋清 | 1个 |
| 青柿椒 | 2个 |

## 调料

| | |
|---|---|
| 湿淀粉 | 25克 |
| 葱丝、姜丝 | 各5克 |
| 盐、白糖 | 各适量 |
| 鲜汤 | 75克 |
| 色拉油 | 45克 |

## 做法

① 制作青椒肉丝所需材料。

② 将猪肉切成薄片，再切成细丝；青椒洗净，去籽及蒂，切成细丝。

③ 鸡蛋清和10克湿淀粉入碗，加少许盐调匀，再放入肉丝抓匀上浆，最后加入15克色拉油拌匀，待用。

④ 取一小碗，放入鲜汤、盐、白糖和湿淀粉调匀成芡汁，待用。

⑤ 电饭煲接通电源预热2分钟，注色拉油加热2分钟，放入上浆的肉丝、葱丝和姜丝，用筷子拨散。

⑥ 合上煲盖，按下阀门，加热1分钟。

⑦ 打开锅盖，放入青椒丝，再盖上锅盖，加热1分钟。

⑧ 倒入调好的芡汁，再盖上锅盖加热半分钟，开盖，淋香油，拌匀装盘即可。

# 蒜香排骨

制作时间
15 分钟

难易度
★★

## 主料

| 主料 | |
| --- | --- |
| 猪排骨 | 500克 |
| 鲜香菇 | 5朵 |
| 蒜瓣 | 50克 |

## 调料

| 调料 | |
| --- | --- |
| 姜片 | 10克 |
| 八角 | 3枚 |
| 桂皮 | 1块 |
| 酱油、盐、色拉油 | 各适量 |

## 做法

① 猪排骨顺骨缝划开，剁成3厘米长的段；鲜香菇洗净，切块；蒜瓣拍松。

② 猪排骨入盆内，加入蒜瓣、酱油、姜片、桂皮、八角和盐拌匀，腌约1小时。

③ 电饭煲接通电源，放入色拉油烧热，排入腌味的排骨和腌料，煎至两面上色。

④ 加入香菇、盐和没过排骨的水，合上盖，按"煮饭"键，待煮至排骨露骨软烂时，即可出煲装盘。

## 要点提示

· 用电饭煲制作烧菜，方法是：把刀工处理的原料焯水（或先腌后煎，或直接煸炒）后，放入汤水和调料，盖上煲盖，待烧沸后，在煲盖下面垫一根筷子，加热至原料熟透入味且汁少时，淋入水淀粉和香油，再盖上煲盖加热10秒钟即成。

· 用普通锅做烧菜都是大火烧沸，用中小火烧熟入味，再转旺火收汁。而运用电饭煲做烧菜，因为火力始终是一样的，所以，在汤汁烧沸后，应在煲盖下面垫一根筷子，使汤汁处于微沸状态。另外，还要掌握好加汤量，一般以刚淹没原料为佳。

# 麻婆豆腐

制作时间 15 分钟

难易度 ★★

## 用料

| | |
|---|---|
| 豆腐 | 300克 |
| 牛肉 | 50克 |
| 蒜薹 | 10克 |

## 调料

| | |
|---|---|
| 辣椒粉 | 10克 |
| 花椒粉 | 5克 |
| 水淀粉、辣椒油、色拉油、酱油、盐 | 各适量 |
| 蒜末、葱花 | 各5克 |

## 做法

① 制作麻婆豆腐所需材料。

② 豆腐切成1厘米见方的小丁；牛肉剁成末；蒜薹切小节。

③ 电饭煲内锅加热水，按"煮饭"键烧沸，放入豆腐丁焯透，捞出控水。

④ 将电饭煲内的水倒掉，揩干，注入色拉油烧热，放入蒜末、葱花和牛肉末炒香变色。

⑤ 加入辣椒粉、豆腐丁和适量水，调入酱油和盐。

⑥ 合盖，烧约2分钟至入味，加入蒜薹节和花椒粉，淋入水淀粉和辣椒油，搅匀，再加热2分钟即可。

# 白菜炖虾

制作时间
20 分钟

难易度
★★

## 用料

| 鲜虾 | 10只 |
| --- | --- |
| 白菜心 | 250克 |

## 调料

| 葱片、姜片 | 各5克 |
| --- | --- |
| 盐、色拉油 | 各适量 |
| 干辣椒 | 1只 |

## 做法

① 制作白菜炖虾所需材料。

② 鲜虾去须足，剪开脊背去泥肠，洗净控干水分；白菜心用手撕成不规则的片状；干辣椒切短节。

③ 电饭煲内锅放入色拉油，按下"煮饭"键加热约2分钟。

④ 油热后放入葱片、姜片、干辣椒节和鲜虾煸炒，并用木匙压虾头挤出虾脑。

⑤ 待虾两面微红时，添入开水，放入白菜和盐。

⑥ 合上煲盖，沸后炖约10分钟，即可盛碗食用。

# 海鲜炖豆腐

制作时间
30 分钟

难易度
★★

## 主料

| | |
|---|---|
| 花蟹 | 1只 |
| 油炸豆腐块 | 150克 |
| 虾米 | 25克 |

## 调料

| | |
|---|---|
| 葱段 | 10克 |
| 生姜 | 5片 |

南乳汁、沙茶酱、蚝油、盐
各适量

## 做法

① 制作虾兵蟹将豆腐所需材料。

② 花蟹洗净，切下两只大蟹螯拍松，再切成八块；虾米用料酒泡发；油炸豆腐对切成三角块，备用。

③ 电饭煲中放入葱段、姜片、蟹块、虾米和适量水，盖上煲盖，启动开关，选择"煲汤"键，沸后撇去浮沫。

④ 再加入蚝油、沙茶酱、南乳汁和盐调味，炖约10分钟至入味，即可盛碗内食用。

## 要点提示

· 用电饭煲做炖菜的方法有爆锅和不爆锅之分。爆锅即是先烧热底油，再炝锅后添水，放预先加工好的料，炖制而成。不爆锅就是将预先加工好的原料直接放在调好味的水中炖至合乎要求。

· 炖制时如果汤汁太滚，不仅会冲散原料（如整鱼）的形态，而且还会使汤汁过快熬干而原料不熟。所以，炖制时同烧菜一样，最好在煲盖下边垫一根筷子。

# 滋补母鸡汤

制作时间 60分钟　难易度 ★★

## 用料

| | |
|---|---|
| 老母鸡 | 1只 |
| 红枣 | 5枚 |
| 当归、黄芪 | 各5克 |
| 枸杞 | 少许 |

## 调料

| | |
|---|---|
| 生姜 | 3片 |
| 盐 | 5克 |
| 色拉油 | 25克 |

## 做法

① 制作滋补母鸡汤所需材料。

② 净老母鸡剁成小块，用清水泡10分钟，换清水洗两遍，控干水分。

③ 电饭煲接通电源预热2分钟，注色拉油加热3分钟，倒入鸡块和姜片拌匀。

煲盖加热3分钟。

⑤ 打开煲盖，倒入开水，加入当归和黄芪，同炖45分钟至软烂。

⑥ 再下红枣和枸杞稍炖，最后用盐调味，出煲盛汤盆内即可。

④ 将电饭煲内的水倒掉，合上

# 香菇鸡肉饭

制作时间 30 分钟 · 难易度 ★★

## 用料

| 大米 | 200克 |
|------|-------|
| 鸡腿 | 2个 |
| 鲜香菇 | 3朵 |
| 胡萝卜 | 半根 |

## 调料

| 葱末、姜末 | 各5克 |
|------------|-------|
| 盐 | 5克 |
| 湿淀粉 | 10克 |
| 色拉油 | 25克 |

## 做法

① 鲜香菇洗净，切块；胡萝卜去蒂洗净，切成滚刀块。

② 鸡腿去骨，切成2厘米大小的方丁，与湿淀粉拌匀，待用。

③ 大米淘洗干净，控去水分。

④ 电饭煲接通电源预热2分钟，按下"煮饭"键，放入色拉油、葱末和姜末，合盖加热2分钟倒入香菇块、胡萝卜块和鸡腿肉。

⑤ 拌匀后合上煲盖，加热2分钟，添入200克水，并加盐调味。

⑥ 倒入淘洗干净的大米，再合上煲盖，加热至"煮饭"键跳起，继续保温约10分钟。搅匀即可食用。

# 腊肉杂粮饭

制作时间
30分钟

难易度
★★

## 主料

| | |
|---|---|
| 大米 | 150克 |
| 小米 | 100克 |
| 腊肉 | 100克 |
| 嫩蚕豆 | 50克 |

## 调料

| | |
|---|---|
| 蒸鱼酱油 | 适量 |
| 香油 | 适量 |

## 做法

① 腊肉用温水洗净，切成长片；嫩蚕豆洗净，晾干水分。

② 大米和小米分别用清水洗净，控干水分，与蚕豆同倒入电饭煲内，倒入250克清水。

③ 合上煲盖，按"煮饭"键，加热至米饭无水时，把腊肉片铺在米饭上。

④ 再合上煲盖，焖至按键自动跳起，续焖10分钟。淋入蒸鱼酱油和香油，再焖1分钟即可。

## 要点提示

· 蒸好的米饭，喷香可口，营养均衡。

· 如无嫩蚕豆，也可用黄豆、黑豆，或红豆，但必须提前用水泡涨再用。

· 加入蒸鱼酱油和香油后焖一会再吃，味道较香。

# 豉汁排骨饭

制作时间
30 分钟

难易度
★ ★

## 主料

| 大米 | 200克 |
| --- | --- |
| 排骨 | 300克 |
| 香菜末 | 10克 |

## 调料

| 蒜末 | 20克 |
| --- | --- |
| 豆豉 | 10克 |
| 葱花 | 5克 |
| 红辣椒 | 1个 |
| 胡椒粉 | 2克 |
| 盐、酱油、香油 | 各适量 |
| 色拉油 | 25克 |

## 做法

① 大米淘洗干净，控去水分；豆豉洗净，切碎；红辣椒切末。

② 排骨顺骨缝划开，剁成小段，入清水中浸泡10分钟，捞出控干水分。

③ 电饭煲预热2分钟，放入油、蒜末、辣椒末和豆豉，拌匀后合盖加热2分钟，倒在小盆内。

④ 放入排骨、盐、白糖、胡椒粉、酱油和香油拌匀，腌约30分钟。

⑤ 大米、排骨同放入煲内，加适量水，搅匀。按下"煮饭"键，待按键自动跳起，保温20分钟。

⑥ 打开煲盖，把米饭盛入碗中，撒香菜和葱花，即可食用。

# 煎素三鲜饺

制作时间 30分钟　难易度 ★★

## 主料

面粉、嫩韭菜各100克，鸡蛋1个，干粉丝1小把

## 调料

葱末、姜末各10克，盐、胡椒粉、香油、色拉油各适量

## 做法

① 面粉放入容器中。

② 注入30克沸水把中心面粉烫熟，再加少量冷水和成软硬适中的面团，盖湿布醒发。

③ 韭菜洗净，切碎；粉丝用热水泡软，过凉水，控干，剁碎；鸡蛋打散，炒熟，剁碎。

④ 将韭菜碎、粉丝碎、鸡蛋碎放入容器中，加葱姜末、盐、白胡椒粉和香油调匀成素三鲜馅。

⑤ 将面团揉光，搓条，下成15个剂子，擀成圆薄皮，备用。

⑥ 面皮上放上馅料，包成月牙形饺子。依法逐一包完。

⑦ 电饭煲接通电源，按下"煮饭"键，注入色拉油烧热，排入素三鲜饺，淋入50克热水。

⑧ 合盖，加热至"煮饭"键跳起。再次开盖，淋入20克色拉油，续煎至"煮饭"键跳起即可。

# 鲜肉四喜饺

制作时间 30分钟

难易度 ★★

## 主料

面粉、猪肉馅各150克，火腿末、黑木耳末、蛋黄末、蛋白末各适量

## 调料

葱末20克，姜末5克，盐、香油各适量，骨头汤50克

## 做法

① 猪肉馅放入容器中，加入骨头汤顺向搅拌上劲，再加葱末、姜末、盐和香油调匀成馅，备用。

② 面粉放在盆内，边用筷子搅拌边冲入沸水，待拌成雪花状后，用手揉和成软硬适中的面团，盖上湿布稍醒。

③ 把面团搓条下剂，擀成直径约6厘米的圆形薄皮。

④ 把饺子皮中间放上馅心，左右手配合向上拢起分匀四等份，中间捏紧形成四个孔洞。

⑤ 把孔洞的边捏紧，分别填入火腿末、黑木耳末、蛋黄末和蛋白末，即成"四喜饺"生坯。

⑥ 电饭煲内锅添水，上架专用屉子，先涂匀一层色拉油，再摆上"四喜饺"生坯，合上煲盖，蒸约5分钟即成。

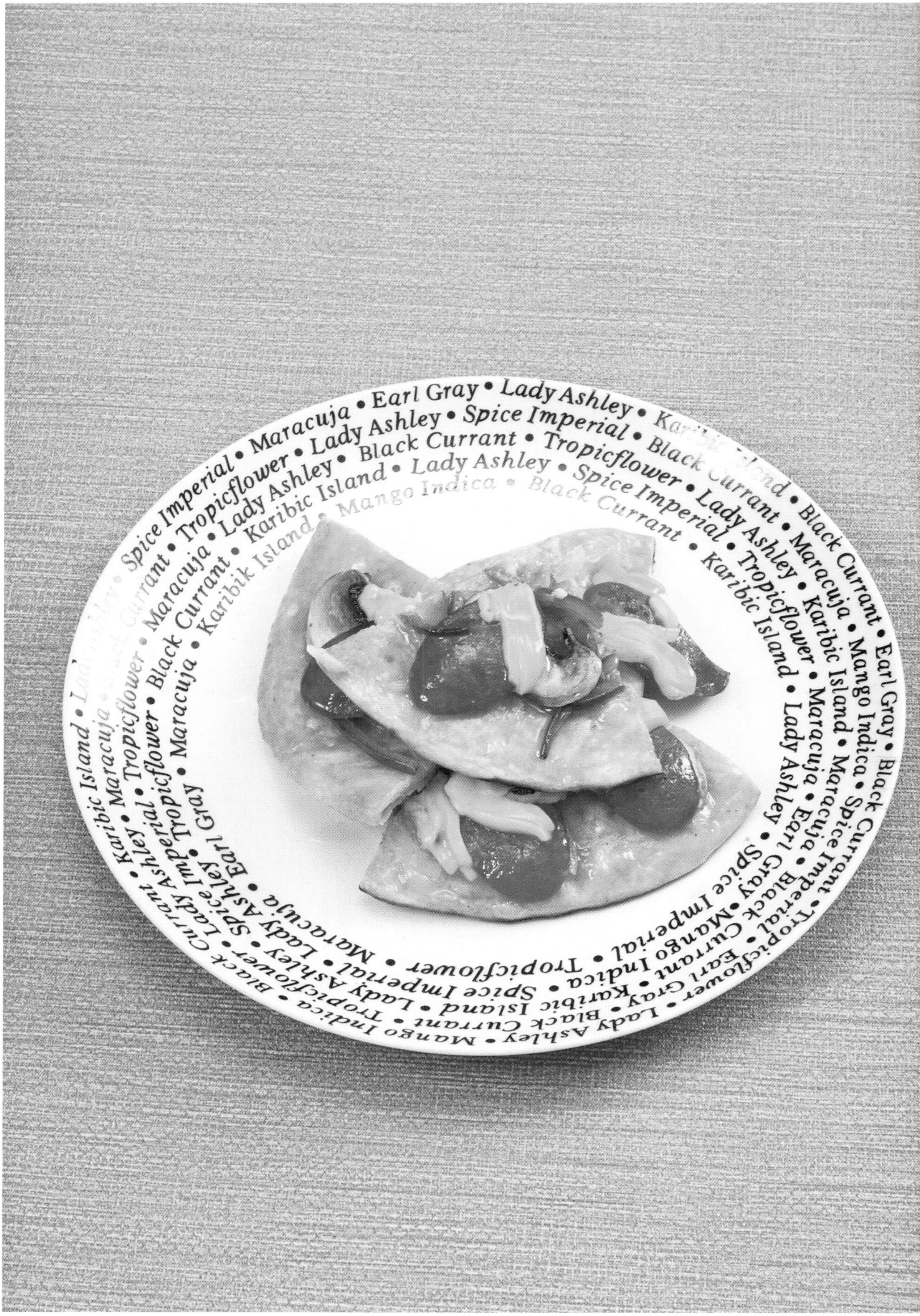

# 香肠比萨

制作时间 30分钟

难易度 ★★★

## 主料

| | |
|---|---|
| 面粉 | 50克 |
| 香肠 | 1根 |
| 洋葱 | 半个 |
| 青椒 | 1个 |
| 蘑菇 | 6只 |
| 奶酪 | 2片 |
| 干酵母 | 2克 |
| 清水 | 75克 |

## 调料

| | |
|---|---|
| 番茄沙司 | 30克 |
| 白糖 | 5克 |
| 盐 | 2克 |
| 色拉油 | 30克 |

## 做法

① 面粉内加入白糖、盐和干酵母搅匀，加清水拌成雪花状。再加入10克色拉油和成略软的面团，盖上湿布，静置20分钟。

② 香肠斜刀切椭圆形片；洋葱剥皮，青椒去籽，分别切丝；蘑菇切片；奶酪片切丝。

③ 将面团放在撒有扑面的案板上，擀成比电饭煲底部稍小的圆饼，用牙签扎上小孔。

④ 电饭煲内锅底面刷一层色拉油，按下"煮饭"键，预热2分钟后，放入擀好的饼坯。在饼面先抹匀一层番茄沙司，再依次放上洋葱丝、青椒丝、蘑菇和香肠片，最后撒上奶酪丝。合上煲盖，待"煮饭"键跳起后停5分钟，再按下"煮饭"键，加热至跳起后，保温5分钟。打开煲盖，见奶酪丝完全化开，即可用木匙铲出，切块食用。

## 要点提示

· 和面团时加点油，会使比萨饼的味道较香。

· 饼坯上扎小孔，容易使酱汁味道渗透到内部。

# 鸡肉比萨

制作时间 30分钟　　难易度 ★★★

## 主料

| | |
|---|---|
| 面粉 | 150克 |
| 彩椒 | 100克 |
| 肉鸡腿 | 1只 |
| 干酵母 | 2克 |
| 奶酪 | 2片 |
| 清水 | 75克 |

## 调料

| | |
|---|---|
| 番茄酱 | 30克 |
| 白糖 | 15克 |
| 葱花、姜末 | 各5克 |
| 盐 | 5克 |
| 色拉油 | 30克 |

## 做法

① 制作鸡肉比萨所需材料。

② 面粉放在小盆内，加入5克白糖、2克盐和干酵母掺匀，加入清水拌成雪花状。

③ 再加入10克色拉油和成略软的面团，盖上湿布，静置20分钟。

④ 鸡腿去骨留皮，切条后切成小丁；奶酪片切丝；彩椒洗净，去蒂及籽，切丝。

⑤ 电饭煲内锅加入色拉油预热2分钟，放入葱花、姜末和鸡腿肉丁。

⑥ 摊平后加盖约3分钟，开盖加入番茄酱和剩余盐和白糖拌匀，再加热2分钟，盛出待用。

⑦ 将面团放在撒有扑面的案板上。

⑧ 将面团擀成比电饭锅底部稍小的圆饼，再用牙签扎上小孔。

⑨ 速将电饭煲内胆洗净，用餐巾纸擦干，底面刷一层色拉油，放入电饭煲外锅内。按下"煮饭"键，预热2分钟后，放入擀好的饼坯。

⑩ 合上煲盖加热至"煮饭"键跳起，把饼翻转。

⑪ 在饼面铺上一层番茄鸡肉丁，撒上彩椒丝，再撒上奶酪丝。

⑫ 合上煲盖，加热至"煮饭"键跳起，再闷5分钟，即可取出食用。

## 要点提示

· 如果喜欢吃厚的比萨饼，可使面团发酵时间稍长。反之，发酵时间短一些，或和好面团稍醒即用。

# 电饭锅版
# 蜂蜜蛋糕

制作时间 60分钟　难易度 ★★★

## 材料

A：蜂蜜50克，白砂糖40克，
　　大鸡蛋3颗（约180克）

B：低筋面粉100克

C：盐1/8小匙，鲜奶20克，
　　色拉油20克

## 做法

① 将鸡蛋敲入干净的、无水无油的大盆内，加入全部白砂糖及蜂蜜。

② 锅内注入半锅凉水，将打蛋盆放置在水中，开小火煮，边煮边不断用手动打蛋器搅拌，至蛋液和白砂糖均匀混合。

③ 当蛋液温度达至36℃时端离热水，开始用电动打蛋器搅打。

④ 搅打后的状态：气泡很大，蛋液的色泽是黄色，体积略膨胀。

⑤ 继续用3档搅打约1分钟，此时的气泡变成中等大小，色泽仍然是黄色。提起打蛋器，蛋液马上滴落，无法连续流下。

⑥ 继续搅打约3分钟，此时的蛋液体积不再变大，但是气泡已经变得细小，色泽开始慢慢转白。搅打过程中，蛋液会起微小的纹路。

⑦ 搅打至提起打蛋头，蛋液呈缎带形流下，落下的痕迹慢慢消失，全蛋打发才完成。

⑧ 用面粉筛将1/2的面粉筛入打发的蛋液中，然后用橡皮刮刀由底部向上翻起，粗略拌匀。

⑨ 再筛入剩下的面粉，继续用橡皮刮刀由底部向上翻起，直至面粉与蛋液充分混合、看不到颗粒状的面粉，即成蛋糕糊。

⑩ 另取干净的小盆，放入原料C混合，用手动打蛋器搅至油水融合。

⑪ 取1/5的蛋糕糊，放入碗内，加第10步的混合液拌匀，倒回剩下的4/5蛋糕糊中，用橡皮刮刀彻底拌匀。

⑫ 如图为拌好的蛋糕糊。要马上使用，否则会消泡。

⑬ 将打好的蛋糕糊倒入电饭锅内胆中。

⑭ 盖上锅盖，按下"煮饭"键，待电饭锅自动跳到"保温"键时不要理会，保温20分钟后再按一次"煮饭"键，待再度跳至"保温"键后再等待20分钟。

⑮ 这时打开锅盖，用手触碰蛋糕表面感觉不粘手、拍拍蛋糕感觉比较结实，就表示已经熟了。

⑯ 用汤匙的把手沿着锅边把蛋糕与锅内胆小心分离开，将蛋糕取出，表面未上色的一面反扣在电锅里，再次按下"煮饭"键，待再次跳至"保温"键时，戴上隔热手套，马上把电锅内胆取出，反扣在盘子上，蜂蜜蛋糕就做好了。

# 第三章

## 豆浆机

豆浆是高含营养的饮品。
在豆浆中加入多种营养品可以让简单的豆浆
变成营养滋补的神奇饮品。

# 怎样选购豆浆机

购买豆浆机宜选择符合国家安全标准的豆浆机，必须带有CCC认证标志或欧盟CE认证等。

目前市面上豆浆机主要分为有网、无网两种。有网的又分细网和五谷精磨器两种，但两者均不好清洗。无网豆浆机是未来发展趋势。

豆浆机还分为豆渣分离和豆渣不分离两种：豆渣不分离的磨出的豆浆营养更全面、口感更好。比传统豆浆要稠得多。

可根据家庭人口的多少选择豆浆机的容量：1~2人的建议选择800~1000毫升的；3~4人的建议选择1000~1300毫升的；4人以上的建议选择1200~1500毫升的。

全自动豆浆机

# 制作豆浆应注意的细节

## ➲ 最好用湿豆

泡过的豆子能提高其营养的消化吸收率，并且用清水充分浸泡大豆后能减轻豆腥味，降低微量含有的黄曲霉素（一种致癌物）。用干豆做出的豆浆在浓度、营养吸收率等方面都不及用泡豆做的。

## ➲ 清水打豆浆

大豆用水浸泡好后，需再用清水冲洗几遍，清除掉黄色碱水以后再换上清水搅打制豆浆。

## ➲ 豆浆需煮开

用料理机打好豆浆，一定要煮开后饮用。未煮开的豆浆对身体有害，其中含有皂素、胰蛋白酶抑制物两种有毒物质，对胃肠道会产生刺激，引起中毒症状，所以豆浆一定要煮开。一般来说，豆浆煮起泡后，继续加热3~5分钟，才是安全健康的。

## ➲ 豆浆的保存

家庭自制的豆浆最好即做即饮，假如豆浆一次喝不完，也可以盛入干净的碗内，覆上一层保鲜膜放冰箱冷藏。保存最好不要超过24小时，食用前要重新煮沸。

### 主料

青豆          100克

### 调料

白糖          适量

### 做法

① 将青豆洗净，用清水浸泡10~12小时。

② 将泡好的青豆倒入全自动豆浆机中，加水至合适位置，启动机器，煮至豆浆机提示豆浆做好。

③ 依个人口味加入白糖即可饮用。

青豆豆浆

### 主料

黄豆          85克

### 调料

白糖          适量

### 做法

① 黄豆用清水浸泡10~12小时，洗净。

② 把浸泡好的黄豆倒入全自动豆浆机中，加水至上下水位线之间，按键启动，煮至豆浆机提示豆浆做好。

③ 将原汁豆浆过滤，加入适量白糖调匀即可。

### 要点提示

· 黄豆味甘，性平，能健脾利湿，益血补虚，解毒。

黄豆豆浆

# 黑豆豆浆

## 主料

| | |
|---|---|
| 黑豆 | 80克 |

## 调料

| | |
|---|---|
| 白糖 | 适量 |

## 做法

① 将黑豆洗干净，在温水中泡7 ~ 8小时，水要淹过黑豆2 ~ 3倍高。

② 待黑豆泡软，倒掉泡黑豆的水，把黑豆放入豆浆机中，加水不要超过最高水位线。

③ 启用豆浆机煮开，新鲜的黑豆浆就做好了。

④ 依个人口味加入白糖即可饮用。

# 绿豆豆浆

## 主料

| | |
|---|---|
| 绿豆 | 80克 |

## 调料

| | |
|---|---|
| 白糖 | 适量 |

## 做法

① 将绿豆洗净，浸泡4~6小时。

② 将泡好的绿豆倒入全自动豆浆机中，加水至合适位置，启动机器，煮至豆浆机提示豆浆做好。

③ 依个人口味加入白糖即可饮用。

### 要点提示

· 绿豆味甘性寒，厚肠胃，润皮肤，和五脏，滋脾胃，祛暑解毒。

## 主料

| | |
|---|---|
| 红豆 | 80克 |

## 调料

| | |
|---|---|
| 白糖 | 适量 |

## 做法

① 将红豆洗净，用清水浸泡4~6小时。

② 将泡好的红豆倒入全自动豆浆机中，加水至合适位置，启动机器，煮至豆浆机提示豆浆做好。

③ 依个人口味加入白糖即可饮用。

### 要点提示

· 红豆性平，味甘酸。健脾止泻，利水消肿。

红豆豆浆

## 主料

| | |
|---|---|
| 干豌豆 | 100克 |

## 调料

| | |
|---|---|
| 白糖 | 适量 |

## 做法

① 将干豌豆洗净，用清水浸泡10~12小时。

② 将泡好的豌豆倒入全自动豆浆机中，加水至合适位置，启动机器，煮至豆浆机提示豆浆做好。

③ 依个人口味加入白糖即可饮用。

### 要点提示

· 豌豆性平味甘，益中气，止泻痢，利小便，消痈肿。

豌豆豆浆

# 芝麻黑豆浆

## 主料

| | |
|---|---|
| 黑豆 | 80克 |
| 黑芝麻、花生 | 各10克 |

## 调料

| | |
|---|---|
| 白糖 | 适量 |

## 做法

① 将花生与黑豆浸泡6～10小时，洗净。

② 将黑芝麻与浸泡好的花生、黑豆一起放入豆浆机，加水至合适位置，启动机器，煮至豆浆机提示豆浆做好。

③ 依个人口味加入白糖即可饮用。

# 米香豆浆

## 主料

| | |
|---|---|
| 大米 | 60克 |
| 黄豆 | 30克 |

## 调料

| | |
|---|---|
| 白糖 | 适量 |

## 做法

① 将黄豆浸泡10~12小时，洗净备用；大米淘洗干净。

② 将黄豆与大米放入豆浆机，加水到上下水位线之间，煮至豆浆机提示豆浆做好。

③ 依个人口味加入白糖即可饮用。

## 主料

| | |
|---|---|
| 纯黄豆 | 1杯 |
| 玉米楂 | 1杯（用新鲜玉米口感更好） |

## 调料

| | |
|---|---|
| 白糖 | 适量 |

## 做法

① 将黄豆浸泡10~12小时，洗净备用。

② 将黄豆与玉米楂一起洗净，放入豆浆机，加水到上下水位线之间，按"五谷豆浆"键，煮至豆浆机提示豆浆做好。

③ 依个人口味加入白糖即可饮用。

# 玉米豆浆

## 主料

| | |
|---|---|
| 黄豆 | 80克 |
| 花生仁 | 20克 |
| 红椒 | 20克 |

## 调料

| | |
|---|---|
| 白糖或盐 | 适量 |

## 做法

① 将黄豆浸泡10~12小时，洗净。花生仁洗净，待用。红椒洗净，切末。

② 将花生仁、红椒末和浸泡好的黄豆一起放入豆浆机，加水至上下水位线之间，启动机器，煮至豆浆机提示豆浆做好。

③ 依个人口味加入白糖或盐调味，搅拌均匀后饮用即可。

# 红椒花生豆浆

# 荞麦豆浆

## 主料

| | |
|---|---|
| 黄豆、干荞麦 | 各80克 |

## 调料

| | |
|---|---|
| 白糖 | 适量 |

## 做法

① 将黄豆浸泡10~12小时，洗净备用。将干荞麦浸泡6~8小时，洗净待用。

② 将黄豆与荞麦放入豆浆机，加水到上下水位线之间，煮至豆浆机提示豆浆做好。

③ 依个人口味加入白糖即可饮用。

# 糯米黑豆浆

## 主料

| | |
|---|---|
| 黑豆 | 60克 |
| 糯米 | 30克 |

## 调料

| | |
|---|---|
| 白糖 | 适量 |

## 做法

① 将黑豆浸泡6~8小时，洗净备用。糯米淘洗干净。

② 将糯米、黑豆一起放入豆浆机中，加入适量水，启动机器，煮至豆浆机提示豆浆做好。

③ 依个人口味加入白糖即可饮用。

## 主料

| | |
|---|---|
| 黄豆 | 30克 |
| 玉米糁 | 60克 |
| 枸杞 | 10克 |
| 银耳 | 1朵 |

## 调料

| | |
|---|---|
| 白糖 | 适量 |

## 做法

① 将黄豆浸泡10~12小时，洗净备用。玉米糁洗净待用。枸杞洗净，泡软，切碎待用。银耳用清水泡发，撕成小朵。

② 将干净的黄豆、银耳、玉米糁和枸杞一起放入豆浆机，加入适量水，启动机器，煮至豆浆机提示豆浆做好。

③ 依个人口味加入白糖即可饮用。

玉米银耳枸杞豆浆

## 主料

| | |
|---|---|
| 黄豆 | 60克 |
| 枸杞 | 10克 |

## 调料

| | |
|---|---|
| 白糖 | 适量 |

## 做法

① 将黄豆浸泡10~12小时，洗净备用。

② 将泡好的黄豆和枸杞一起放入豆浆机，加入适量水，启动机器，煮至豆浆机提示豆浆做好。

③ 依个人口味加入白糖即可饮用。

枸杞豆浆

# 红枣枸杞豆浆

## 主料

| | |
|---|---|
| 黄豆 | 45克 |
| 红枣 | 15克 |
| 枸杞 | 10克 |

## 调料

| | |
|---|---|
| 白糖 | 适量 |

## 做法

① 将黄豆浸泡10~12小时，洗净备用。将红枣洗净去核，枸杞洗净备用。

② 将泡好的黄豆、红枣和枸杞一起放入豆浆机，加入适量水，启动机器，煮至豆浆机提示豆浆做好。

③ 依个人口味加入白糖即可饮用。

# 番茄薏米糊

## 主料

| | |
|---|---|
| 薏米 | 100克 |
| 番茄 | 1个 |

## 调料

| | |
|---|---|
| 白糖 | 适量 |

## 做法

① 薏米淘洗干净，控去水分；番茄洗净，用沸水略烫，去皮，切成小块。

② 薏米放入豆浆机桶内，注入清水至下水位线，浸泡8小时，加入番茄块后，按常法打成糊。

③ 倒在碗内，加入白糖调味，即可食用。

# 第四章

## 酸奶机

一杯酸奶，

嫩滑软糯，

加上冰凉的口感，

在炎热的夏季吃一口浑身舒爽。

酸奶营养丰富，

易消化，

也是儿童的营养佳品。

# 酸奶机自制酸奶的要点

## ➋选择原料

自制酸奶的原料只有两种，一种是牛奶，另一种是菌种。要想制作出优质的酸奶，这两种原料的选用非常讲究。

**牛奶：** 必须选用不含抗菌素、防腐剂，且脂肪含量不低于3%的纯牛奶为原料。在购买时，宜选用保质期短的，保质期越短的越新鲜。如果家里有全脂奶粉，就用水溶解成液体，代替牛奶使用，但口感不及用牛奶做出的细腻。全脂奶粉与水的比例大约是每100克水用12克奶粉。

**菌种：** 一般有两种。一是市售原味酸奶，一定要选用菌种火力强的酸奶，越新鲜越好。切不可用加入果料的，更不可用果味酸奶。也可以用已做好的酸奶，在食用前先留存少量作为下次制作时的菌种。保留菌种时要注意容器消毒，还

要避免冷藏时受到污染，以免影响发酵效果。

二是家用酸奶发酵剂，市面上有售。首先一定要选有QS认证的益生菌生产商。其次看颜色，通常呈淡黄色或深黄色。最后用嘴尝一下，应是酸甜口味，有一股浓郁的奶香。酸奶发酵剂买回家后，应放在冰箱冷冻室冷藏，待使用时再取出来。

**菌种的优缺点：** 酸奶种的优点是发酵时间短，缺点是长期用一个种系的酸奶种，其有益菌群会呈半衰状，故老菌种做过几次后请留下适量新鲜酸奶做菌种。酸奶发酵剂的优点是活性菌总数多，缺点是制作时间比酸奶种稍长一些。

## ➋加热杀菌

如用的是巴氏鲜牛奶，则不需经过加热杀菌过程。若用的是生鲜牛奶，或用奶粉与水兑成的奶液，则必须经过这一过程。主要是杀死原料中的杂菌，提供有益菌一个良好的生长繁殖环境，使发酵过程较好进行。加热时一定要不断搅拌，防止牛奶煮煳。否则，酸奶会出现苦味。其加热杀菌过程为：坐锅点火，倒入生鲜牛奶或奶粉液，煮沸后保温8分钟即可。

另外，还要注意，每次自制酸奶时，应将盛放酸奶的容器或搅拌用具用开水烫过消毒后再使用。如果是分杯酸奶机的发酵杯，消毒后应倒置，不可叠摞放置。

# 制作酸奶应注意的细节

## ➋添加菌种

当奶液降温至40℃左右时，是加入菌种的最佳时机。如果温度过高，会杀死乳酸菌，影响发酵效果。其投放比例一般为每100克奶液加入原味酸奶10~20克。至于用酸奶发酵剂作菌种的用量，应按包装上的说明使用。因为每个生产厂家

制作的酸奶发酵剂配方含菌不一样。不论是原味酸奶还是酸奶发酵剂，首先要掌握好与纯牛奶的比例。若纯牛奶过少，菌种过多，做出来的酸奶口感会太硬；反之，做出来的酸奶无法凝结。其次要充分搅拌，目的是使菌种充分混匀，使其更好地发酵。

### 温度控制

酸奶机的温度不能超过45℃，最好能保持在38~42℃。据实验得知：在酸奶机中加入自来水，通电4小时以后用温度表测温。夏天在室温32℃的条件下，如果用普通的家用酸奶机，温度通常会超过45℃，因此，在炎热的夏天需要在空调房间里制作酸奶。冬天制作酸奶时，可以在酸奶机体内加入温水。

### 时间掌握

发酵时间会受环境温度及原料初始温度的影响，所以环境温度低或用冷藏的牛奶制作时需适当延长时间。但最长不超过14小时。用纯酸奶作发酵源时最长不超过10小时。若发酵时间过长会造成乳清分离，甚至形成蜂窝状，虽然没有坏，但闻起来少了一股香味，吃起来口感也差了一些。如果颜色出现橘红色或有起泡现象或是发出异味，表示已变质，不能食用。

如果设定时间到后，还没有凝固好，再放入酸奶机体内保温1小时，至完全凝结成豆花状。

### 发酵成品

待时间到后，将容器取出慢慢倾斜，见表面光滑，呈浓稠状或凝结成豆花状，闻之有奶香味，就表示酸奶已做好。酸奶发酵好以后，即使酸奶机自动断电，也不能不管，必须迅速放入冰箱冷藏，以免有害菌侵入，这样的酸奶才是安全的。自制酸奶保质期为2~3天。

### 调味食用

自制好酸奶后，可直接饮用，也可根据个人口味添加糖、蜂蜜、果汁等各种调味品。调味时，千万不可将调料直接加在消毒的牛奶中。这是因为糖、蜂蜜等调味品都未经过灭菌处理，很容易被有害菌沾染，虽对人体没有影响，但这些有害菌进入奶液中，就会随着其发酵时间大量生长繁殖，对人体是有害而无益的。如果在制作酸奶前加入白糖，需将白糖与牛奶一起加热，以起到杀菌的作用。

## 小贴士

如果酸奶制成后，表现出来的黏稠度不够、质地不均匀，请检查以下事项：

1.加热过程中是否断电。

2.用于做酸奶的原料奶是否新鲜。

3.原料奶的温度是否超过40℃，酸奶的温度是否超过40℃。

4.酸奶桶清洗是否彻底、干净。

# 蓝莓酸奶

## 主料

纯牛奶500克，酸奶50克，鲜蓝莓100克

## 调料

白糖      30克

## 做法

① 将将纯牛奶和酸奶倒入消毒的酸奶机容器中。用勺子搅匀，盖上盖子，放入酸奶机体中，再盖上外盖。接通电源，保温发酵约8小时，即成酸牛奶。

② 鲜蓝莓洗净，一部分切片，另一部分切丁，与白砂糖放在锅中炒成稠酱。

③ 取一只透明玻璃杯，先舀入少量酸奶，放少量蓝莓片，再舀入酸奶，放少量蓝莓片，最后再倒入酸奶，淋上蓝莓酱，即可饮用。

# 樱桃酸奶

## 主料

纯牛奶500克，酸奶50克，鲜樱桃250克

## 调料

白砂糖100克，柠檬汁50克

## 做法

① 将纯牛奶和酸奶倒入消毒的酸奶机容器中。用勺子搅匀，盖上盖子，放入酸奶机体中，再盖上外盖。接通电源，保温发酵约8小时，即成酸牛奶。

② 鲜樱桃洗净，控干水分，用白砂糖腌渍出水后，加入柠檬汁煮沸至黏稠，离火晾凉，待用。

③ 取一杯子，取少量酸奶盛满杯底，加一勺樱桃酱，再加一勺酸奶，顶部浇一圈酱汁，中间装饰鲜樱桃即成。

# 桂花山楂酸奶

制作时间
8.5 小时

难易度
★★

## 主料

| | |
|---|---|
| 鲜牛奶 | 500克 |
| 酸奶 | 25克 |
| 鲜山楂 | 150克 |
| 冰糖 | 30克 |
| 糖桂花 | 10克 |

## 做法

① 将牛奶倒在不锈钢锅中，上火加热到70~80℃，离火降温。

② 待牛奶降温至不烫手时，倒入消过毒的容器中，加入酸奶，拌匀。

③ 盖上盖子，放入酸奶机体中，再把外盖盖上。

④ 接通电源，待8个小时左右，至牛奶呈豆腐脑状取出。

⑤ 山楂洗净去蒂及核，切丁，与冰糖同放锅中，加水没过原料，以中火煮至软烂成泥，加糖桂花搅匀，盛出晾冷，备用。

⑥ 把酸奶盛在小碗中，加入制好的山楂酱搅匀，淋上糖桂花即成。

香瓜酸奶

## 主料

| | |
|---|---|
| 纯牛奶 | 500克 |
| 酸奶 | 50克 |
| 香瓜 | 100克 |

## 调料

| | |
|---|---|
| 蜂蜜 | 20克 |

## 做法

① 将纯牛奶和酸奶倒入消毒的酸奶机容器中，用勺子搅匀，盖上盖子，放入酸奶机体内，再盖上外盖。接通电源，保温发酵约8小时，即成酸牛奶。

② 香瓜去皮及子，切成小丁。取80克香瓜丁放在料理机内打成泥，待用。

③ 将酸奶和香瓜泥分层装入杯中，最上面放剩余的香瓜丁和蜂蜜，即可饮用。

西瓜酸奶

## 主料

| | |
|---|---|
| 纯牛奶 | 500克 |
| 酸奶 | 50克 |
| 西瓜 | 150克 |

## 做法

① 将纯牛奶和酸奶倒入消毒的酸奶机容器中，用勺子搅匀，盖上盖子，放入酸奶机体中，再盖上外盖。接通电源，保温发酵约8小时，即成酸牛奶。

② 西瓜去子，用挖球器挖成小球，放在冰箱中冰镇，待用。

③ 将酸奶和西瓜球装在透明玻璃杯中，即可食用。

## 主料

| | |
|---|---|
| 纯牛奶 | 500克 |
| 酸奶 | 50克 |
| 火龙果 | 100克 |

## 调料

| | |
|---|---|
| 蜂蜜 | 20克 |

## 做法

① 将纯牛奶和酸奶倒入消毒的酸奶机容器中，用勺子搅匀，盖上盖子，放入酸奶机体中，再盖上外盖。接通电源，保温发酵约8小时，即成酸牛奶。

② 火龙果对半切开，把果肉挖成球形或切成小丁。

③ 把酸奶盛在杯中，放上火龙果肉即可。

火龙果酸奶

## 主料

纯牛奶500克，酸奶50克，生菜叶25克，苹果1个

## 调料

| | |
|---|---|
| 蜂蜜 | 10克 |

## 做法

① 将纯牛奶和酸奶倒入消毒的酸奶机容器中。

② 用勺子搅匀，盖上盖子，放入酸奶机体中，再盖上外盖。

③ 接通电源，保温发酵约8小时，即成酸牛奶。

④ 苹果去皮、核，切成小块；柠檬去皮，果肉切块；生菜洗净，切成片。

⑤ 将苹果块、生菜片、柠檬块放入榨汁机中，榨成汁液。

⑥ 将滤净的蔬果汁倒入杯中，加入发酵好的酸奶和蜂蜜拌匀，即可饮用。

苹果生菜酸奶

# 豆沙果味酸奶

制作时间
8.5 小时

难易度
★★

## 主料

| | |
|---|---|
| 纯牛奶 | 500克 |
| 原味酸奶 | 50克 |
| 绿豆 | 50克 |
| 山楂 | 25克 |
| 葡萄干 | 10克 |
| 冰糖 | 4块 |

## 做法

① 将纯牛奶和原味酸奶倒入消好毒的酸奶机容器中。

② 用勺子搅匀，盖上盖子，放入酸奶机体中，再盖上外盖。

③ 接通电源，保温发酵约8小时，即成酸牛奶。

④ 绿豆洗净泡涨；山楂洗净，去蒂及核，切片。

⑤ 坐锅点火，水烧开后放入绿豆，煮约10分钟后，将漂浮在水面上的绿豆皮捞出。加入山楂片和冰糖，以小火焖至软烂。

⑥ 加入葡萄干拌匀，离火晾凉，即成绿豆果味沙，待用。将绿豆果味沙在冰箱里镇凉后，与制好的酸奶拌匀，即可饮用。

# 花生酸奶

制作时间
8.5 小时

难易度
★★

## 主料

| | |
|---|---|
| 纯牛奶 | 500克 |
| 花生仁 | 30克 |
| 酸奶发酵剂 | 1克 |
| 白砂糖 | 50克 |

## 做法

① 将花生仁洗净，用3倍的清水浸泡至涨透，捞出控去水分。

② 将花生仁放入料理机内，加入600克清水打成细浆，过滤去渣，待用。

③ 坐锅点火，倒入纯牛奶、花生浆和白砂糖，待加热到90℃时离火。

④ 待奶液降温至不烫手时，加入酸奶发酵剂充分搅匀。

⑤ 山楂洗净去蒂及核，切丁，与冰糖同放锅中，加水没过原料，以中火煮至软烂成泥，加糖桂花搅匀，盛出晾冷，备用。

⑥ 把酸奶盛在小碗中，加入制好的山楂酱搅匀，淋上糖桂花即成。

# 绿豆酸奶

## 用料

| | |
|---|---|
| 鲜牛奶 | 500克 |
| 绿豆 | 100克 |
| 酸奶发酵剂 | 1克 |
| 清水 | 500克 |
| 白砂糖 | 60克 |

制作时间
15分钟

难易度
★★

## 做法

① 香绿豆洗净泡涨，同清水一起入料理机内打成浆，过滤去渣，备用。

② 绿豆浆和鲜牛奶入盆，加入白砂糖充分拌匀。

③ 坐锅点火，倒入混合浆加热至90℃时，保持3分钟，离火降温到40℃。

④ 把降温的混合液倒入酸奶机体中，加入酸奶发酵剂搅匀，密封上盖子。

⑤ 将容器装在酸奶机体内，合上盖子。

⑥ 接通电源，加热保温8~10小时即成。

# 玉米酸奶

制作时间
8.5 小时

难易度
★★

## 主料

| | |
|---|---|
| 纯牛奶 | 500克 |
| 原味酸奶 | 100克 |
| 嫩玉米 | 200克 |
| 清水 | 400克 |
| 白砂糖 | 70克 |

## 做法

① 嫩玉米洗净，放在家用搅拌机内，加入清水打成细浆，过滤去渣，取浆待用。

② 坐锅点火，倒入纯牛奶和玉米浆，加入白糖，待加热至刚沸时，保温15分钟。

③ 待混合奶液降温至不烫手时，倒入消毒的酸奶机容器中。

④ 加入原味酸奶，搅匀，盖上盖，放入酸奶机体中，再盖上外盖。

⑤ 接通电源，保温发酵约8小时，即成玉米酸奶。

### 要点提示

· 嫩玉米打浆时加水量以1：2最好。若用水量过多，不利于玉米酸奶发酵，使之达不到较佳的凝乳效果。

# 藕粉酸奶

## 主料

| | |
|---|---|
| 纯牛奶 | 500克 |
| 原味酸奶 | 50克 |
| 纯藕粉 | 5克 |

## 做法

① 将纯牛奶倒入消毒的酸奶机容器中，再倒入原味酸奶，用勺子充分搅匀，盖上盖子。

② 放入酸奶机体中，再盖上外盖。

③ 接通电源，保温发酵约8小时，即成酸奶。

④ 纯藕粉放入杯中，先加入20克温水化开，再冲入30克开水调匀，与制好的酸奶调匀，即可饮用。

# 胶原蛋白酸奶

## 主料

| | |
|---|---|
| 纯牛奶 | 500克 |
| 原味酸奶 | 50克 |
| 胶原蛋白粉 | 1克 |

## 做法

① 将纯牛奶倒入消毒的酸奶机容器中。

② 倒入原味酸奶和胶原蛋白粉。

③ 用勺子充分搅匀，盖上盖子。

④ 放入酸奶机体中，再盖上外盖，接通电源，保温发酵约8小时，即可取出食用。

# 第五章

## 冰激凌机

采用鲜奶制作的冰激凌，
质地柔软细腻。
香草风暴的冰激凌，
拥有极致的美味体验。
还有各种风味的水果冰激凌，
酷炫，
有营养，
也有品位。

# 不用机器自制牛奶冰激凌的方法

原料  牛奶250毫升，鸡蛋2个，玉米淀粉1汤匙，白砂糖适量，清水适量

## 做法

① 将鸡蛋磕入碗内，用打蛋器打散、打透。玉米淀粉加少量水，一起调成稀糊。

② 将牛奶倒入锅中，放入适量白砂糖，加热至沸腾，离火晾凉至60℃左右，缓缓冲入鸡蛋液中，边冲边搅拌，以免蛋液凝结成块。

③ 搅拌均匀后调入玉米粉稀糊，边搅拌边加热，煮至微沸后离火晾凉，再充分搅拌后即制成浆料，放进电冰箱冷冻室中冷冻即可。在冷冻过程中每1小时取出搅拌1次，一般搅拌3~4次后口感最好。

# 冰激凌的制作要点

制作冰激凌时一定要选用新鲜的材料，尤其是乳制品，鸡蛋和水果等。他们的新鲜程度会直接影响冰激凌的口感。此外，冰块的数量和大小以及冷冻过程中所包含的空气量，是冷冻过程中的两个重要方面，它们会影响冰激凌口感的最终质量。

# 冰激凌中的营养成分及健康吃法

经专家测定，100克冰激凌中含水分74.4克、蛋白质2.4克、脂肪5.3克、糖17.3克，另含有少量的维生素A、维生素B2、维生素E以及钙、钾、锌等微量元素——100克冰激凌提供的热量相当于35克大米饭。因此，吃冰激凌一定要适度。

冰激凌是一种高脂肪食物，不易消化，吃多了会降低食欲。冰激凌中含的糖属于精糖，不宜吃太多。营养专家建议，每人每天食用30克左右糖最佳。

冰激凌的温度一般在0℃左右，而人的正常体温是37℃，如此悬殊的温差对人的肠胃是一种很大的刺激，它会使胃肠血管收缩，使消化液的分泌减少。如果一天中食用冰激凌过多，冷刺激频繁，会引起肠胃疾病。

过度食用冰激凌的孩子，一般是胖子越吃越胖，而瘦子越吃越瘦。因为，胖孩子吸收功能较好，冰激凌中的脂肪和糖分无疑加剧了他们的肥胖；而瘦小的孩子一般体质较弱或偏食，冰激凌吃多了会加剧厌食症状。因此，营养专家提醒，早上、饭前、饭后以及睡前和空腹时都不宜吃冰激凌。除此之外，那些体质虚弱，尤其是肠胃功能不好的人，以及患有糖尿病、肥胖病、高血脂症或对牛奶有过敏症的人，都不宜吃冰激凌。

# 牛奶冰激凌

制作时间
50分钟

难易度
★

## 主料

| 吉利丁（或琼脂） | 5克 |
|---|---|
| 纯牛奶 | 1000克 |
| 白糖 | 160克 |
| 盐 | 0.05克 |
| 打发鲜奶油 | 400克 |

## 做法

① 将泡好的吉利丁和一半的牛奶放入盆中，隔水加热至吉利丁化开。

② 加入白糖和盐，拌匀至溶化。

③ 加入另一半的牛奶拌匀降至常温。

④ 把少许浆料加入到打发鲜奶油中，拌匀。

⑤ 将浆料分四到五次加入，直至拌匀。

⑥ 将拌匀的原料倒入冰激凌机中，开机搅拌约30分钟。

⑦ 用木铲将搅拌好的冰激凌取出即可。

⑧ 也可装入到保鲜盒中抹平，放入冰箱冷冻保存。

# 豆奶冰激凌

## 用料

| | |
|---|---|
| 豆奶粉 | 100克 |
| 热水 | 200克 |
| 白糖 | 100克 |
| 纯牛奶 | 600克 |
| 打发鲜奶油 | 300克 |
| 盐 | 0.1克 |

制作时间 50分钟　难易度 ★

## 做法

① 将豆奶粉慢慢地倒入热水中，边加入边搅拌。

② 再加入白糖和盐，搅拌均匀。

③ 将搅拌均匀的豆奶加入牛奶中，再搅拌均匀。

④ 将拌匀的浆料过滤一下，备用。

⑤ 待浆料冷却后，将其慢慢加入到打发鲜奶油中拌匀。

⑥ 倒入冰激凌机，搅拌30分钟，成形后取出。

⑦ 装入保鲜盒中，抹平，放冰箱冷冻保存即可。

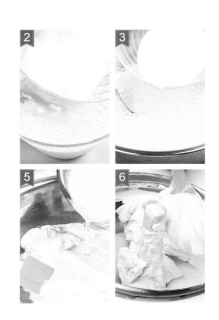

# 酸奶冰激凌

## 用料

| 用料 | |
| --- | --- |
| 纯牛奶 | 600克 |
| 吉利丁 | 5克 |
| 白糖 | 120克 |
| 酸奶 | 400克 |
| 打发鲜奶油 | 400克 |

制作时间
50分钟

难易度
★

## 做法

① 将一半牛奶和泡好的吉利丁放入盆中，隔水加热至胶体完全溶化。

② 再加入白糖拌匀，至溶化后停火。

③ 再加入另一半的牛奶拌匀，冷却至常温。

④ 加入酸奶拌匀。

⑤ 将拌好的原料分次加入到打发鲜奶油中拌匀，再放入冰激凌机中搅拌30分钟，取出即可。

# 椰奶冰激凌

## 用料

| 用料 | |
| --- | --- |
| 纯牛奶 | 400克 |
| 吉利丁 | 5克 |
| 椰奶 | 200克 |
| 白糖 | 100克 |
| 椰浆 | 100克 |
| 打发鲜奶油 | 300克 |

制作时间 50分钟　难易度 ★

## 做法

① 将一半的纯牛奶和泡好的吉利丁隔水加热至吉利丁溶化。

② 再加入白糖溶化。

③ 加入另一半的牛奶拌匀,冷却。

④ 再加入椰奶和椰浆拌匀。

⑤ 最后加入到打发鲜奶油中,分次加入拌匀,倒入冰激凌机中搅拌30分钟即可。

# 南瓜冰激凌

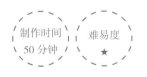

制作时间
50分钟

难易度
★

## 主料

| | |
|---|---|
| 南瓜 | 450克 |
| 纯牛奶 | 600克 |
| 白糖 | 100克 |
| 盐 | 0.1克 |
| 炼乳 | 20克 |
| 打发鲜奶油 | 250克 |

## 做法

① 将南瓜洗净后去瓤。

② 把小南瓜切成片状，连皮蒸熟。

③ 将一半的牛奶和蒸熟的南瓜放入沙冰机中，打成泥状。

④ 剩余牛奶加热，加白糖、炼乳和盐拌匀至化。

⑤ 把南瓜泥加入加热的牛奶中拌匀，备用。

⑥ 冷却后，将备好的原料分次加入到打发鲜奶油中拌匀。

⑦ 将浆液倒入冰激凌机中，开机搅拌30分钟。

⑧ 将成形的冰激凌取出，装盒，冷冻保存。

# 胡萝卜冰激凌

## 主料

| | |
|---|---|
| 胡萝卜 | 200克 |
| 纯牛奶 | 600克 |
| 白糖 | 120克 |
| 炼乳 | 30克 |
| 打发鲜奶油 | 350克 |
| 吉利丁 | 6克 |
| 黄油 | 25克 |

制作时间 50分钟　难易度 ★

## 做法

① 将胡萝卜洗净，去皮切成块再蒸熟。

② 将泡好的吉利丁加入一半的牛奶中，隔水加热至溶化。

③ 再加入白糖溶化，然后把剩余的牛奶加入，冷却备用。

④ 把胡萝卜和黄油放入沙冰机中，打碎成泥。

⑤ 在冷却的牛奶中加入炼乳，拌匀。

⑥ 再将打好的胡萝卜泥加入盆中拌匀。

⑦ 冷却后，将浆液分次加入到打发鲜奶油中拌匀。

⑧ 再将浆液倒入冰激凌机中，搅拌30分钟至成形即可。

# 紫薯冰激凌

## 主料

| | |
|---|---|
| 紫薯 | 300克 |
| 盐 | 0.1克 |
| 柠檬汁 | 20克 |
| 纯牛奶 | 800克 |
| 炼乳 | 70克 |
| 白糖 | 90克 |
| 吉利丁 | 4克 |
| 打发鲜奶油 | 250克 |

制作时间
50分钟

难易度
★

## 做法

① 将紫薯洗净切片，蒸熟后去皮，和一半牛奶放入沙冰机中拌匀，即为紫薯牛奶。

② 将剩余牛奶和泡好的吉利丁隔水溶化，加入白糖拌匀溶化。

③ 冷却至常温时，加入紫薯牛奶拌匀。

④ 再加入炼乳拌匀。

⑤ 接着再加入柠檬汁搅拌均匀。

⑥ 再将柠檬汁液分次加入到打发鲜奶油中，再倒入冰激凌机中搅拌。

⑦ 将打好的冰激凌装入盒中，抹平放入冰箱冷冻保存即可。

# 芦荟冰激凌

## 主料

| | |
|---|---|
| 牛奶 | 500克 |
| 白糖 | 80克 |
| 吉利丁 | 6克 |
| 芦荟果粒果酱 | 300克 |
| 柠檬汁 | 40克 |
| 打发鲜奶油 | 350克 |

制作时间
50分钟

难易度
★★

## 做法

① 将一半牛奶和泡好的吉利丁隔水溶化至胶体完全溶化，再加入白糖拌匀溶化。

② 再将剩余牛奶加入其中，拌匀至完全冷却。

③ 将2的产物分次加入到打发鲜奶油中拌匀。

④ 最后倒入冰激凌机中，开机搅拌30分钟制成冰激凌，装盒即可。

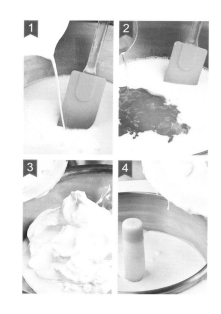

# 番茄冰激凌

制作时间
50分钟

难易度
★★

## 主料

| | |
|---|---|
| 番茄 | 400克 |
| 纯牛奶 | 700克 |
| 柠檬汁 | 25克 |
| 白糖 | 120克 |
| 盐 | 0.1克 |
| 吉利丁 | 6克 |
| 打发鲜奶油 | 300克 |

## 做法

① 将一半的牛奶和泡好的吉利丁隔水加热至溶化，再加入糖溶化。

② 将番茄洗净，放入沙冰机中粉碎成泥状。

③ 将番茄泥过滤一下，使番茄泥更细腻一些。

④ 在番茄泥中加入柠檬汁拌匀。

⑤ 在牛奶中加入白糖和盐拌匀溶化，再加剩余牛奶拌匀，冷却至常温。

⑥ 将番茄泥加入牛奶中搅拌均匀。

⑦ 将拌好的番茄牛奶液分次加入到打发鲜奶油中拌匀。

⑧ 倒入冰激凌机中，开机搅拌30分钟成冰激凌，取出装盒即可。

# 苹果冰激凌

## 用料

| 用料 | 重量 |
|------|------|
| 红蛇果 | 500克 |
| 盐 | 0.1克 |
| 柠檬汁 | 20克 |
| 吉利丁 | 5克 |
| 白糖 | 130克 |
| 纯牛奶 | 550克 |
| 打发鲜奶油 | 350克 |

制作时间 50分钟

难易度 ★★

## 做法

① 将红蛇果洗干净，去子，果肉切块后放入沙冰机中。

② 把盐和柠檬汁也放入沙冰机中，开机拌匀成泥状。

③ 将一半牛奶和泡好的吉利丁隔水加热至胶体完全溶化。

④ 再加入白糖加热溶化后停火，加入剩余的牛奶拌匀，冷却至常温。

⑤ 把苹果泥加入到牛奶中拌匀。

⑥ 最后分次加入到打发鲜奶油中拌匀，再倒入冰激凌机中开机搅拌制成冰激凌。

# 水蜜桃冰激凌

## 主料

| | |
|---|---|
| 柠檬汁 | 20克 |
| 白糖 | 170克 |
| 水蜜桃 | 4个 |
| 白兰地酒 | 45克 |
| 纯牛奶 | 600克 |
| 吉利丁 | 5克 |
| 打发鲜奶油 | 300克 |
| 盐 | 0.1克 |
| 炼乳 | 50克 |

制作时间 50分钟　难易度 ★★

## 做法

① 将水蜜桃洗干净，取果肉切块。

② 把果肉块和50克白糖、白兰地酒放入碗中，腌制25分钟。

③ 将腌制好的果肉放入沙冰机中，开机将其粉碎成果泥。

④ 将一半牛奶和泡好的吉利丁隔水加热至吉利丁溶化，再加剩余白糖加热拌匀。

⑤ 再加入剩余的牛奶拌匀，冷却至常温，再加入炼乳拌匀。

⑥ 加入水蜜桃果泥，搅拌均匀。

⑦ 将盆中浆液分次加入打发鲜奶油中拌匀，倒入冰激凌机中搅拌30分钟即可。

# 蜂蜜柠檬冰激凌

## 主料

| | |
|---|---|
| 蜂蜜 | 80克 |
| 柠檬浓缩汁 | 150克 |
| 纯牛奶 | 800克 |
| 白糖 | 110克 |
| 盐 | 0.1克 |
| 打发鲜奶油 | 350克 |

制作时间
50分钟

难易度
★★

## 做法

① 把一半的牛奶和白糖隔水加热至糖完全化开。

② 停火后，将剩余的牛奶加入其中，拌匀。

③ 加入蜂蜜拌匀。

④ 接着再加入柠檬浓缩汁拌匀。

⑤ 将其分次加入到打发鲜奶油中拌匀。

⑤ 再将拌匀的产物倒入冰激凌机中搅拌即成。

# 芒果冰激凌

## 主料

| | |
|---|---|
| 芒果果粒果酱 | 250克 |
| 芒果浓缩果汁 | 100克 |
| 牛奶 | 700克 |
| 蜂蜜 | 50克 |
| 特调炼奶 | 60克 |
| 打发鲜奶油 | 400克 |

制作时间 60分钟　难易度 ★★

## 做法

① 把牛奶和白糖隔水加热至白糖完全化开。

② 停火后，将芒果果粒果酱和芒果浓缩果汁加入拌匀。

③ 再把蜂蜜和特调炼奶加入到牛奶中拌匀。

④ 待其完全冷却后，把浆料分次加入打发鲜奶油中拌匀。

⑤ 再把浆料倒入冰激凌机中搅拌45分钟。

⑥ 将搅拌好的冰激凌装入保鲜盒中，抹平即可。

# 猕猴桃冰激凌

## 用料

| | |
|---|---|
| 牛奶 | 700克 |
| 猕猴桃果粒果酱 | 500克 |
| 白糖 | 100克 |
| 吉利丁 | 6克 |
| 炼乳 | 50克 |
| 打发鲜奶油 | 400克 |

制作时间 60分钟　难易度 ★★

## 做法

① 一半牛奶与白糖隔水加热至糖完全化开。

② 加入泡好的吉利丁隔水加热至吉利丁完全溶化，再加入另一半剩余的牛奶拌匀。

③ 牛奶冷却后，将猕猴桃果粒果酱和炼乳加入其中拌匀。

④ 把拌匀的浆料分次加入鲜奶油中，搅拌均匀。

⑤ 拌匀后再将其倒入冰激凌机中搅拌40分钟。

⑥ 制成冰激凌后取出装入保鲜盒中抹平即可。

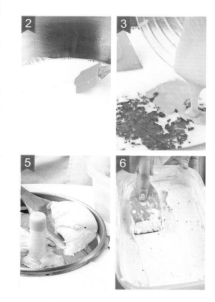

# 第六章

## 微波炉

微波炉以简单实用的特点，
深受家庭用户的喜爱，
它不仅能很快速加热食物，
也能做出美味的饭菜。

# 如何选购微波炉

## ● 规格品种的选择

目前微波炉主要集中于500~1000瓦，一般家庭选择800瓦比较适宜。从控制方面，微波炉可分电脑式和机械式两类，从功能方面分带烧烤式和不带烧烤式两类。

## ● 产品外观质量的选择

一般来说，好的微波炉美观大方、色彩匀称，产品表面无机械碰伤和擦伤，面板平整，部件配合严密。

## ● 安全性的选择

购买时应重点检测门封是否封闭严密、开关自如，另外，要求机壳结构牢固、耐冲击、机械性能可靠。

此外，购买一款性价比高的微波炉不可忽略的几个关键要素还有：微波炉机箱内底板的面积、底部小平台的面积、微波炉的有效功率、微波炉运转时的噪音、微波炉的加热速度等。

# 微波炉六项主要用途

## ● 烹调食物

利用微波炉进行食物烹调既方便又快捷。在烹调过程中，微波以每秒24.5亿次的频率使食物中的极性分子（如水分子）震荡摩擦，产生分子热。同时，用微波炉加热不通过器皿等中间介质传递热量和耗散部分热量，且在微波能达到的深度范围内，使食物表里同时受热，因此烹调时间明显缩短，烹调速度快。例如蒸一只切鸡或烤一只鸭只需8分钟。

## ● 解冻食物

冷冻的食物很难在较短的时间里解冻，微波炉却能够很好地解决这一问题。自然解冻的过程是由表及里进行的，速度慢。利用微波炉解冻，则可使食物表里同时受热解冻，速度快。微波炉从设计上保证了在用解冻挡解冻时，能最大限度地抑制微生物繁殖，保持食物原有的新鲜口味。

## ● 二次加热食物

这是一般消费者使用微波炉感到最实惠、最方便之处。对熟食、剩饭、方便食品、微波炉专用食品等进行再加热，只需几分钟或几十秒即可完成，且保持原汁原味，加热中不用对食物搅拌，所以还能保持食物的原有形态。

# 双菇豆腐

制作时间 15 分钟　难易度 ★

## 主料

| | |
|---|---|
| 青菜心 | 6个 |
| 嫩豆腐 | 300克 |
| 金针菇 | 80克 |
| 香菇 | 50克 |

## 调料

| | |
|---|---|
| 香油 | 5克 |
| 色拉油 | 10克 |
| 糖 | 2克 |
| 高汤 | 15克 |
| 淀粉 | 5克 |
| 盐 | 3克 |

## 做法

① 豆腐切片。香菇去蒂泡软，切丝。金针菇去蒂洗净，切段。青菜心对半切开。

② 深盘内放入油，加入香菇，用高火加热2分钟，再放入豆腐、金针菇，青菜心排放在盘边。

③ 将高汤、淀粉和盐拌匀后倒盘中，加盖，用高火加热5分钟，取出，淋上香油即可。

# 素酿南瓜

制作时间
30 分钟

难易度
★★

## 主料

南瓜500克，香菇25克，蘑菇50克，榨菜30克，竹笋肉150克，五香豆腐干50克，胡萝卜丝100克，粉丝25克

## 调料

蚝油、生抽、姜汁、糖、盐、香油、胡椒粉、上汤、植物油各适量

## 做法

① 五香豆腐干切丝，竹笋肉切丝，蘑菇切片。

② 南瓜洗净，上部近蒂处横切去1/4作盖，用匙羹挖去南瓜下半部的子及部分果瓤，放入盛有一汤匙水的容器中。

③ 香菇泡发，沥水切丝。粉丝浸软，切小段。榨菜洗净，切丝。

④ 所有原料（除南瓜外）与调料拌匀，放入盛器中，盖上保鲜膜，用微波高火加热5分钟，取出，放入南瓜内，盖上南瓜盖。

⑤ 南瓜上盖微波保鲜膜，用微波高火加热7分钟，取出即可。

## 主料

香菇、冬笋　　　　　　　　各100克

## 调料

盐、白糖、味精、淀粉、熟色拉油　各适量

## 做法

① 冬笋切片，与香菇、全部调料一起拌匀。

② 所有食材入盘，加盖，入微波炉高火加
热5分钟，中途搅拌一次即可。

# 冬笋香菇

## 主料

蚕豆　　　　　　　　　　　300克

## 调料

植物油、红糖、盐　　　　　各适量

## 做法

① 蚕豆洗净，沥干水分。植物油、红糖、
盐加水拌匀，调成味汁。

② 蚕豆拌油，加盖，入微波炉高火加热4分
钟取出，拌入味汁，再加盖高火加热3分
钟即可。

### 要点提示

· 选购蚕豆时要闻一闻蚕豆是否带有异
味，避免买到用防腐剂保鲜的蚕豆。

# 盐水蚕豆

# 麻辣豆腐

制作时间
15 分钟

难易度
★★

## 主料

豆腐2块，肉末50克

## 主料

辣豆瓣酱10克，淀粉、葱花、生抽各5克，姜蓉、香油各3克，蒜蓉2克，花椒粉少许，油适量，高汤适量

## 做法

① 豆腐冲洗干净后切丁，沥干水分，待用。

② 肉末、辣豆瓣酱、姜蓉、蒜蓉拌匀，淋适量油，加盖，入微波炉高火爆香5分钟，成肉末汁。

③ 肉末汁中加调料拌匀，淋在豆腐上，入微波炉高火加热3分钟，撒葱花，放香油、花椒粉即可。

## 要点提示

· 在用微波炉加热豆腐时要将大块的豆腐切成大小合适的丁或者块。此外，在完成加热后，要注意取出盘时会比较热，应戴专用手套或者用毛巾保护，防止烫手。

# 豆腐鲜牡蛎

制作时间
15分钟

难易度
★★

## 主料

新鲜牡蛎肉 150克，豆腐400克，海带少许

## 主料

葱、甜酱各10克，辣酱5克，白糖、盐各3克，酒、胡椒粉各适量

## 做法

① 牡蛎肉用盐水洗净，沥干待用。

② 豆腐切小块，葱白切段，葱叶切碎。白糖、酒、盐、甜酱、胡椒粉拌匀，备用。

③ 在容器底部铺上海带，依次放上豆腐、牡蛎和葱白，浇上拌匀的调料，加盖，用微波高火加热4分钟，取出，倒入辣酱，撒上葱花，再加热10秒钟即可。

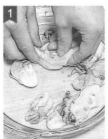

### 要点提示

· 在处理牡蛎时也应注意，首先要徒手择掉碎壳等杂质，其次把肉装进容器，撒上少量面粉，用手搅拌，然后用水冲洗，这样才能进一步去除污物。

# 洋葱猪排

制作时间 15分钟

难易度 ★★

## 主料

大排骨肉 600克，洋葱1个

## 主料

酱油5克，糖3克，酒2克，白胡椒粉少许，香油3克，玉米粉适量，色拉油5大匙

## 做法

① 排骨肉切片，以刀背拍松，放碗中，加酱油、糖、水、酒、白胡椒粉搅匀，腌10分钟，再加入2大匙色拉油拌匀。

② 洋葱洗净切丝，置于盘中，加3大匙色拉油，入微波炉中，高火爆3分钟，备用。

③ 腌好的排骨肉片蘸玉米粉，铺在洋葱丝上，将水、酱油、香油调匀，淋在肉片上，覆膜，以高火烹调5分钟即可。

## 要点提示

· 做排骨时，要保证排骨做出来鲜嫩可口，味道香浓，首先要将排骨用调料提前腌制。加酒是为了去除腥味，增加香味。

## 主料

排骨300克，土豆块150克

## 调料

蒜蓉、姜蓉、葱段、生抽、葱花、红椒片、
生抽、上汤、色拉油、白糖各适量

## 做法

① 排骨斩块，用生抽、白糖、蒜蓉、姜蓉
腌制入味。

② 把生抽、上汤、色拉油、白糖放入微波
炉专用碗中调匀，再放入土豆、葱段、
红椒片、排骨，拌匀，入微波炉中，高
火加热2分钟，再用中火加热6分钟，取
出撒葱花即可。

# 土豆烧排骨

## 主料

猪尾　　　　　　　　　　　　　　500克

## 调料

葱段、酱油、姜片、干红辣椒段、白糖、味
精、色拉油、八角、甘草、绍酒、上汤各适量

## 做法

① 猪尾治净，切段，氽水后取出洗净。

② 将油放入微波专用器皿中，微波高火加
热，放入葱段、姜片、干红辣椒段，高
火加热1分钟，再放入猪尾及其他调料，
高火加热30分钟。

③ 取出猪尾装盘，淋上汤汁即可。

# 酱炒猪尾

# 南瓜牛排

## 主料

| | |
|---|---|
| 牛肉 | 400克 |
| 芦笋 | 50克 |
| 南瓜 | 150克 |

## 调料

红葡萄酒、色拉油、酱油、盐、胡椒粉、姜、蒜、西芹叶、奶油、柠檬汁各适量

制作时间 20分钟　　难易度 ★★

## 做法

① 西芹叶、姜、蒜分别切丝，与红葡萄酒、色拉油、酱油、盐、胡椒粉、柠檬汁拌匀成味汁，倒入牛肉中腌5分钟。

② 南瓜切片，放入器皿内，加少量水，罩上微波薄膜，入微波炉加热2分钟。

③ 芦笋去除笋身的坚硬部分，切段后用水浸一下，放入微波专用袋中加热1分钟，再倒入器皿中，加奶油、胡椒粉调味。

④ 牛肉放在微波炉专用网上，加热2分钟，取出盛盘，以南瓜与芦笋装饰即可。

**Tips**

**如何挑选南瓜**

宜挑选外形完整，表面没有损伤、虫害或斑点的南瓜。若瓜蒂连着瓜身，说明南瓜新鲜，可长时间保存。

## 主料

净土鸡半只，苹果1个，柠檬半个

## 调料

白糖、葱白、八角、姜、盐、白酒各适量

## 做法

① 苹果去皮切片，与白糖、柠檬片搅拌均匀，铺在盘内，再摆上葱白、八角、姜。

② 土鸡表面抹盐，腌制入味，在鸡腹部抹少许白酒，斩件。将鸡肉放到苹果片上，把剩余的姜撒到鸡肉上，包上保鲜膜，开一小口，微波高火加热10分钟即可。

苹果鸡

## 主料

鸡胸肉                               250克

## 调料

白糖、酱油、姜、五香粉、盐各适量

## 做法

① 姜剁成末，加两匙水浸泡，再用漏勺滤取姜汁。

② 鸡胸肉切丁，放锅中煮10分钟，捞出沥水，趁热捣成蓉，再用手撕成细丝。

③ 将所有调料放入鸡肉丝中充分搅匀，放入微波炉里，用高火加热5分钟（不加盖），取出晾凉后即可食用。

五香鸡肉松

# 威化海鲜沙拉

## 主料

| | |
|---|---|
| 鲜虾 | 100克 |
| 芒果 | 1个 |
| 西芹 | 25克 |
| 鸡蛋液 | 50克 |

## 调料

沙拉酱、威化纸、面包糠、香菜叶、粟粉、蒜蓉、盐、胡椒粉各适量

制作时间 30分钟　难易度 ★★

## 做法

① 虾去壳，除虾线，洗净，抹干水分，用蒜蓉、盐、胡椒粉腌制片刻；芒果洗净切条；西芹洗净切条；每块威化纸包1只虾、1条芒果、1条西芹和半茶匙沙拉酱。

② 每件海鲜沙拉均蘸上粟粉和蛋液，贴上1片香菜叶，再滚匀面包糠。

③ 微波高火预热煎碟2分钟，倒上油，高火煮3分钟，把海鲜沙拉卷放在碟上，翻动一次，使之蘸上油，再高火煮2.5分钟，即可供食。

Tips

**巧取虾仁**

　　鲜活虾胶质多，虾皮比较难剥。可先在活虾身上洒些水，再盖上湿布捂一会儿，则虾仁易于剥壳。

# 第七章

## 果汁机

天然的才是健康的，
手工制作的才是温馨的。
自己在家榨一杯新鲜的果蔬汁，
享不尽的惬意。

# 正确使用榨汁机

使用前先把切削刀和离心过滤器旋紧，然后把安装有离心过滤器和切削刀的上箱安装在底座上，再接通电源。

投放的食物不应过大、过厚、过硬，以免损伤切削刀和造成电机超载。

离心过滤器内不应贮存过多的食物碎末，要及时清理，否则易引起震动；要经常保持榨汁机体内外清洁；每次使用后应认真清洗；不可用水龙头冲洗榨汁机下部的底座，更不要将机体浸泡在水里，以免电机的绝缘部分被损坏。利用榨汁机制作水果汁的过程如下图所示：

# 自制和饮用蔬菜汁应注意的问题

一般能生食的蔬菜皆可榨汁饮用，而像豆角、土豆等不能生食的蔬菜则不宜榨汁饮用。

因为是鲜榨汁，制作时应注意将蔬菜清洗干净，避免引起肠道疾病。

蔬菜汁一定要现榨现饮，避免营养成分降解和细菌滋生。

蔬菜汁不能完全替代蔬菜食用，但可作为特殊人群（婴儿、老年人等）的辅助食品以补充营养素。

# 葡萄苹果鲜汁

## 主料

| | |
|---|---|
| 葡萄 | 10颗 |
| 苹果 | 1个 |
| 蜂蜜 | 适量 |
| 白汽水 | 适量 |

## 做法

① 将葡萄洗净，去核；苹果洗净，削皮后去核，再切成块。

② 葡萄与苹果同放入榨汁机中，榨出鲜汁，倒入杯中，加入白汽水、蜂蜜搅匀即可。

# 鲜榨瓜汁

## 主料

| | |
|---|---|
| 西瓜 | 1000克 |

## 做法

① 将西瓜用刀切成小块，去子。

② 将西瓜用刀切成小块，去子。

③ 搅拌机内加入过滤网，打开电源，慢慢放入加工好的西瓜块。

④ 将榨好的果汁倒入杯内即可。

### 要点提示

· 用于榨汁的水果一定要去子，带子榨汁，果汁会变色。

# 鲜苹果雪梨汁

## 主料

| 主料 | |
|---|---|
| 苹果 | 200克 |
| 雪梨 | 200克 |
| 蜂蜜 | 适量 |
| 柠檬汁 | 适量 |

## 做法

① 苹果洗净，削皮去核，切块；雪梨削皮去核，切块。

② 苹果和雪梨一起放入榨汁机中榨出果汁，加入蜂蜜、柠檬汁搅匀即可。

# 苹果青提汁

## 主料

| 主料 | |
|---|---|
| 苹果 | 200克 |
| 青提 | 200克 |
| 柠檬汁 | 适量 |

## 做法

① 将苹果洗净，削皮去核切块；青提洗干净，去掉核。

② 苹果和青提一起放入榨汁机中榨出果汁，加入柠檬汁拌匀即可。

# 蜂蜜柳橙汁

## 主料

| | |
|---|---|
| 橙子 | 1个 |
| 冰块 | 适量 |
| 蜂蜜 | 适量 |

## 做法

① 橙子去皮、核后切块，榨汁。

② 将榨好的橙汁与蜂蜜一起加冰块搅拌至冰块融化即可饮用。

# 柚橘橙三果汁

## 主料

| | |
|---|---|
| 橙子 | 150克 |
| 柚子 | 250克 |
| 橘子 | 200克 |
| 碎冰 | 适量 |

## 做法

① 将柚子、橘子和橙子去皮去核，放入榨汁机中榨汁。

② 将榨好的果汁倒入杯中，投入碎冰，加以装饰即可。

# 番茄菠萝汁

## 主料

| | |
|---|---|
| 番茄 | 200克 |
| 菠萝 | 200克 |
| 蜂蜜 | 适量 |
| 冰水 | 适量 |

## 做法

① 将菠萝洗净，削皮去硬心，切块。

② 番茄洗净，与冰水一起放入榨汁机中榨出果汁，再加入菠萝一起榨汁，加入蜂蜜，搅匀即可。

# 番茄苹果柠檬汁

## 主料

| | |
|---|---|
| 番茄 | 250克 |
| 苹果 | 150克 |
| 柠檬汁 | 适量 |
| 乳酸饮料 | 适量 |

## 做法

① 苹果去皮、核，切块，番茄切块，一起放入榨汁机中榨成汁，倒入杯中。

② 向杯中再加入柠檬汁、乳酸饮料，充分搅匀即可。

# 莲藕苹果汁

## 主料

| | |
|---|---|
| 苹果 | 1个 |
| 莲藕 | 150克 |
| 凉开水 | 80毫升 |
| 柠檬汁 | 适量 |

## 做法

① 将莲藕洗净，去皮切片；苹果去皮去核，切块。莲藕与苹果一起放入榨汁机中，加入凉开水，榨汁。

② 将榨好的汁过滤，倒入杯中，加入柠檬汁，搅匀即可。

# 柠檬甜瓜汁

## 主料

| | |
|---|---|
| 甜瓜 | 1个 |
| 柠檬 | 2片 |
| 糖水 | 10毫升 |

## 做法

① 将甜瓜洗净，去子、去皮。柠檬洗净去皮，备用。

② 将甜瓜块、柠檬、糖水放入榨汁机内，榨汁后倒入杯内即可。

# 雪梨鲜汁

## 主料

| | |
|---|---|
| 雪梨 | 2个 |
| 鲜姜 | 10克 |
| 蜂蜜 | 适量 |
| 冰水 | 适量 |

## 做法

① 雪梨洗净，去皮、核，切块；鲜姜去皮切块。雪梨和鲜姜一同放入榨汁机中榨汁。

② 将梨姜汁倒入杯中，加入蜂蜜、冰水，搅拌均匀即可。

# 草莓番茄汁

## 主料

| | |
|---|---|
| 番茄 | 1个 |
| 草莓 | 100克 |
| 蜂蜜、柠檬汁 | 各适量 |
| 冰水 | 适量 |

## 做法

① 将番茄用开水烫一下，剥去外皮，切成块，待用。

② 草莓去蒂洗净，同番茄一起放入果汁机中，榨成鲜汁，倒入杯中。

③ 杯中加入蜂蜜、柠檬汁和冰水，搅拌均匀即可。

# 第八章

## 电饼铛

电饼铛进入到普通家庭厨房的时间并不长，
但以其受热均匀
和简便实用的特点深受大家喜爱。

# 选购电饼铛须知

现在市场上家用型的电饼铛品种繁多，样式功能让人眼花缭乱。当您面对众多电饼铛不知购买哪一款，不知道从哪里下手时。我们建议您首先了解电饼铛的分类。通常情况下，电饼铛分全自动电饼铛和半自动电饼铛。全自动的优点是省事，半自动的优点是省钱，这要根据自己的喜好来定。有一点要注意，无论选购什么款式的电饼铛都应到正规卖场购买，最好选择有信誉的家电商场与家电品牌，这样质量与售后均有保证。

# 电饼铛常见故障及排除方法

故障一：整机没电。可能是熔断器熔断、电源缺相。应该检查电源更换熔断器。

故障二：升温慢、热效率低、温度不均。可能是电源电压太低、某组电热管损坏、某个控温器损坏，应调整电压、更换部件。

故障三：机体带电。可能是地线、相线错接、电源线短路、电器元件浸水等，应调整接线、排除短路。或者将电器元件自然风干或加热烘干。

# 用电饼铛做出的美馔

电饼铛具有无油烟，使用方便的特点，用它可以采用烙、煎、烤等方法烹饪出风味不同的饼子、包子、饺子、发糕及各种荤素菜肴。后面的菜品部分将列举适宜家庭制作的美馔，供拥有电饼铛的读者参考试做。

# 鸡蛋煎豆腐

制作时间 15分钟

难易度 ★

## 主料

| | |
|---|---|
| 卤水豆腐 | 250克 |
| 鸡蛋 | 2个 |

## 调料

| | |
|---|---|
| 盐 | 3克 |
| 葱花 | 10克 |
| 味精 | 2克 |
| 色拉油 | 50克 |

## 做法

① 豆腐切成3厘米长、2厘米宽、1厘米厚的长方块，撒上少许盐拌匀腌味。

② 鸡蛋磕入碗内，加少许盐、葱花和味精打散，待用。

③ 豆腐逐块粘面粉，放鸡蛋液中，用筷子轻拌，使其均匀裹上鸡蛋液。

④ 电饼铛接通电源预热后，在其烤盘表面涂抹一层色拉油。

⑤ 豆腐块入电饼铛中，倒入剩余鸡蛋液，加盖。

⑥ 待灯不亮时翻转，再加盖煎至豆腐焦黄即可。

## 要点提示

· 豆腐中加少许盐拌一下，不仅能让豆腐里面的水出来些，同时也能把咸味吃进去。

# 孜然烤土豆

制作时间
15 分钟

难易度
★

## 主料

| | |
|---|---|
| 大土豆 | 2个 |
| 白芝麻 | 少许 |

## 调料

| | |
|---|---|
| 孜然粉 | 20克 |
| 花椒盐、辣椒面 | 各少许 |
| 色拉油 | 20克 |

## 做法

① 土豆削皮洗净，切成薄片，用清水洗两遍洗去淀粉，控干水分。

② 电饼铛接通电源预热后，在其下盘涂抹一层色拉油，排入控干水分的土豆片，合住上盘。

③ 待烤3分钟至底面金黄时，开盖，用刷子在土豆片表面刷一层色拉油，翻面再烤3分钟至熟透。

④ 切断电源，在土豆片上撒白芝麻、辣椒面、孜然粉和花椒盐，再合住上盘，用余热焖一两分钟，即可出铛装盘。

## 要点提示

· 土豆片一定要用清水洗净淀粉，这样在烤制的时候才不会煳锅，色泽才会黄亮。

· 撒上调味料后，必须用余热加温，否则会有煳味。

# 软煎鱼
## 香茄子

制作时间
15分钟

难易度
★

## 主料

| 茄子 | 500克 |
|------|-------|
| 鸡蛋 | 3个 |
| 面粉 | 85克 |

## 调料

豆瓣酱15克，葱姜蒜末、香油、白糖各10克，醋8克，红辣椒面、盐、味精、色拉油各适量，鲜汤50克

## 做法

① 将茄子削去外皮，洗净，切成长方片，然后在其两面拉一字刀纹。

② 茄子块放小盆内，加入剁细的豆瓣酱、盐和味精拌匀腌约5分钟。

③ 鸡蛋磕入碗内，加少许盐、味精和70克面粉调匀成蛋糊。

④ 调料放碗内，入香油和30克烧至极热的色拉油，调匀成鱼香味汁。

⑤ 茄片扑干面粉，挂蛋糊，放铛中，煎金黄。

⑥ 再煎另一面至金黄后铲出，浇鱼香味汁即成。

### 要点提示

· 茄片拉上刀纹，目的是便于入味，但注意不要切断。

· 油要烧至极热，这样调料的香味才能挥发出来。

# 孜然羊肉卷

制作时间
15 分钟

难易度
★★

## 主料

熟羊肉150克，面粉20克，鸡蛋1个，牛奶30克，青椒1个，绿豆芽50克，蘑菇50克

## 调料

盐、味精、孜然粉、辣椒粉各适量，孜然油 10克，色拉油20克，香油5克

## 做法

① 面粉入盆，打蛋液搅匀，再倒牛奶搅成奶糊，加入孜然油调匀。

② 熟羊肉切大薄片，青椒洗净切丝，绿豆芽去皮，晾干；蘑菇撕条。

③ 将原料放一起，加盐、味精、孜然粉、辣椒粉和香油拌成三丝料。

④ 将每片羊肉卷上适量三丝料做成拇指粗的卷，蘸匀奶糊。电饼铛预热。

⑤ 下盘涂油，羊肉卷蘸奶糊排铛中，煎成金黄色铲出。

## 要点提示

· 三丝料不拘一格，可灵活选用。

· 糊中放点孜然油，能使口感好，又可使孜然味浓郁。

# 烤啤酒黑椒翅

制作时间
15分钟

难易度
★★

## 主料

鸡翅中　　　　　　　　10个

## 调料

黑胡椒粉适量，孜然粉适量，盐适量，啤酒适量，色拉油20克

## 做法

① 鸡翅中去净残毛，洗净，用刀在其表面划上两三刀。

② 将黑胡椒粉、盐、啤酒充分搅匀成调味酱料，放入处理好的鸡翅中腌渍约20分钟。

③ 电饼铛接通电源预热后，在其烤盘表面涂抹一层色拉油，码入腌好味的鸡翅。

④ 加盖，烤约8分钟至熟透，取出鸡翅装盘，撒上孜然粉即成。

## 要点提示

· 用刀在鸡翅上划两三刀，使其更易入味。

· 要用足够的时间腌制，使成品风味更加突出。

# 红豆南瓜饼

制作时间
30 分钟

难易度
★ ★

## 主料

| | |
|---|---|
| 净南瓜 | 250克 |
| 面粉 | 200克 |
| 红豆馅 | 200克 |
| 泡打粉 | 2克 |

## 调料

| | |
|---|---|
| 白糖 | 50克 |
| 色拉油 | 适量 |

## 做法

① 南瓜洗净，放入蒸锅内蒸至熟烂，取出去皮，放在案板上，趁热用刀压成泥。

② 再加入白糖、泡打粉和面粉和匀成面团，静置20分钟，待用。

③ 将发好的南瓜粉团揉匀搓条，揪成6个剂子。

④ 逐一按扁成圆饼皮，放入适量红豆馅，小心收口。

⑤ 收口捏严成圆球状，再按扁成圆形饼坯。

⑥ 电饼铛接通电源预热后，在其下盘表面涂匀一层色拉油，摆入红豆南瓜饼坯，合住上盘，待烙至底面金黄时翻个，续烙至另一面呈金黄色且熟透，即可铲出食用。

## 要点提示

· 此面团不需加水。

· 面粉等料加入南瓜泥内要充分揉搓均匀。

# 肉丝香菇炒饼

制作时间
30分钟

难易度
★★

## 主料

| | |
|---|---|
| 面粉 | 250克 |
| 鲜香菇 | 150克 |
| 猪肥瘦肉 | 50克 |
| 蒜薹 | 50克 |

## 调料

| | |
|---|---|
| 葱花 | 10克 |
| 蒜末 | 10克 |
| 酱油、盐、鲜汤、香油、色拉油 | 各适量 |

## 做法

① 面粉入盆，加入温水和成软面团，醒10分钟。

② 揪成6个剂子，逐个摁扁，表面抹上色拉油。

③ 取两个剂子油面对油面合在一处，擀成圆薄饼形。

④ 放到预热并涂油的电饼铛内烙熟取出。按此法把面饼烙完。

⑤ 把烙好的饼趁热撕成两张薄饼，切成0.3厘米宽的条。

⑥ 猪肥瘦肉切粗丝，入碗，加酱油和色拉油拌匀；鲜香菇洗净，切条；蒜薹择洗净，切段。

⑦ 电饼铛接通电源预热下盘后，放适量色拉油烧热，放入葱花、蒜末和肉丝，翻煎至变色时加酱油、盐、蒜薹和香菇炒几下。

⑧ 放上饼丝，淋入鲜汤，合上烤盘焖软。

⑨ 用铲子不停地翻拌，待炒匀炒透且饼丝软而入味时，淋香油，再次炒匀，即可出铛食用。

## 要点提示

· 加入鲜汤的量要少，若过多，则饼丝太软，易粘结成团。

· 应边炒边淋入少量的食用油，使成品油润明亮。

# 果味馒头

制作时间
30 分钟

难易度
★★

## 主料

馒头3个，苹果1个，菠萝肉50克，青豆50克

## 调料

什锦果酱25克，盐3克，白糖5克，色拉油适量

## 做法

① 馒头切小丁；苹果去皮及核，同菠萝肉分别切成小丁，用淡盐水浸泡；青豆用沸水氽透，捞出沥水。

② 电饼铛接通电源，舀入少量油遍布铛底，倒入馒头丁摊平，翻煎至快软时。

③ 电饼铛中再加入苹果丁、菠萝肉丁和青豆充分煎透。调入盐和白糖，待炒入味后，出铛装盘，淋上什锦果酱即可食用。

## 要点提示

· 苹果肉和菠萝肉最好用淡盐水泡一会儿。前者可防变色，后者可防食后过敏。

· 加入白糖量以成品刚透出甜味即好。若过甜，食之腻口。

# 火腿馒头夹

制作时间
30 分钟

难易度
★★

## 主料

馒头2个，方形火腿100克，嫩豆角100克，鸡蛋1个

## 调料

葱末5克，盐3克，色拉油适量

## 做法

① 馒头切成0.5厘米厚的夹刀片；火腿切0.3厘米厚的片。

② 嫩豆角洗净，切成同馒头夹等长的段，用盐拌匀，腌5分钟，沥去汁水。

③ 鸡蛋磕入碗内，加盐和葱末调匀备用。

④ 接通电源，舀油遍布铛底，一边铺豆角段煎半熟，再放火腿片煎透。

⑤ 另一边放蘸匀鸡蛋液的馒头夹煎至金黄且透。

⑥ 出铛后，将火腿和豆角放馒头夹内即可食用。

## 要点提示

· 要把豆角煎熟，以免发生中毒现象。

· 豆角段较难熟，应先煎至半熟，再放入其他料一同煎制。

# 水煎龙凤包

制作时间
30分钟

难易度
★★

## 主料

| | |
|---|---|
| 面粉 | 270克 |
| 鸡肉、猪肉 | 各50克 |
| 竹笋 | 30克 |
| 白糖、泡打粉 | 各5克 |
| 温水 | 200克 |

## 调料

盐、姜末、葱末、酱油、香油、料酒、味精、淀粉、色拉油各适量

## 做法

① 鸡肉和猪肉洗净，切小丁；竹笋洗净，切丁。

② 将猪肉丁、鸡肉丁和笋丁混匀，加酱油、香油、料酒、葱末、姜末、盐和味精拌匀调味。

③ 取250克面粉入盆，加泡打粉、白糖和温水揉和成略软的光滑面团，盖保鲜膜静置醒约30分钟。

④ 将醒好的面团分成10个面剂，用擀面杖将每个面剂擀成薄圆形皮，包入馅心，捏成包子状。

⑤ 取剩余的面粉加适量冷水调匀成面糊水，待用。

⑥ 电饼铛接通电源，入油烧热，码入做好的包子生坯。

⑦ 倒入没过包子一半的面粉水，再淋入30克色拉油，加盖。

⑧ 待煎至水干且包子底面焦黄时，铲出即成。

## 要点提示

· 加入的面粉水一定要控制好量，否则成品既不美观也不可口。

· 汁水干后一定要煎一会儿，这样底面才会有一层焦黄的壳。

# 生煎奶味包

制作时间
30分钟

难易度
★★

## 主料

面粉250克，鲜牛奶200克，猪肉馅300克，水发海米粒50克，鸡汤200克，泡打粉5克

## 调料

葱末30克，盐、酱油、姜末、花椒面、香油、味精、色拉油各适量

## 做法

① 猪肉馅放盆里，加盐和酱油拌匀，再陆续加海米粒和调料拌成馅料。

② 面粉入盆，加入泡打粉和鲜牛奶和成面团，静置半小时发酵后揉匀搓条。

③ 揪成25克重的面剂，擀成直径7厘米的圆皮，包入25克馅料成提褶包子生坯。

④ 电饼铛接通电源预热后，在其烤盘表面涂抹一层色拉油，摆入包子生坯。

⑤ 加入清水，盖上锅盖焖煎约5分钟。

⑥ 淋入少量色拉油，再煎一会儿，即可铲出食用。

# 生煎鱼香包

制作时间
30分钟

难易度
★★

## 主料

正碱面团450克，猪肉馅300克，冬笋末50克

## 调料

蒜末30克，泡辣椒末25克，葱末、姜末各10克，盐、味精、胡椒粉、白糖、醋、香油、色拉油各适量

## 做法

① 锅入油烧热，下泡辣椒末、姜末和蒜末煸香，放猪肉末和冬笋末炒熟。

② 炒好的原料盛在小盆内，加调料调匀成鱼香馅料。

③ 正碱面团揉匀，搓成长条，揪成10个剂子，擀成圆面皮。

④ 面皮中包入鱼香馅料，包捏成包子生坯。电饼铛接电源，涂油烧热。

⑤ 摆包子生坯，浇清水，盖锅盖，约煎煮5分钟。

⑥ 开盖见锅内水渐干时，淋入色拉油，盖上锅盖，直煎至包底呈金黄色时，铲出装盘即成。

2

4

5

6

# 水晶<br>奶黄饺

制作时间<br>30分钟　　难易度<br>★★

## 主料

澄面100克，淀粉100克，奶黄馅适量

## 调料

盐少许，化猪油10克，色拉油适量

## 做法

① 将澄面、淀粉共放在小盆内混合均匀，加盐和开水烫成熟面团。

② 稍冷后，加化猪油揉光滑，做成水晶皮料。

③ 水晶面团醒好后搓成圆条，下小剂子，擀成圆薄皮。

④ 放上奶黄馅，对折捏紧边缘，即成水晶奶黄饺生坯。依法逐一包完。

⑤ 电饼铛接通电源，入色拉油烧热，码入生坯。

⑥ 合上烤盘，煎至底部金黄且熟透时即成。

## 要点提示

· 澄面和淀粉的比例以1∶1为好。澄面多淀粉少，或者反之，成品口感均不佳。

· 面团趁热揉入化猪油，可便皮料洁白透明。

# 第九章

## 料理机

多功能料理机真是厨房的宝贝。

可以研磨，

可以制作饮品，

还可以用来制作各种馅料。

有了它，

你再不用害怕繁琐的厨房工作啦！

# 料理机操作要点

❶ 每次开动料理机不要超过1分钟，请停机冷却1分钟后再继续操作。特别是干的加工物和碎冰等。其目的是让电机休息一下。

❷ 如果料理机上有档位设置。应根据加工物的不同，选择不同的档位。一般的液体搅拌可选择"1"挡，比重较大的加工物如碎冰、肉类等，最好使用"2"挡。

❸ 容器内所装物料不要超过2/3，或限定的最高刻度线，以免汤汁溢出，或搅拌不均匀。

❹ 加工物多时，如黄豆、肉馅等，应分批。

❺ 在操作过程中，如发现机座有过热现象，应停机约20分钟，待其冷却后，方可继续使用。

# 料理机的清洗和保养技巧

❶ 主机的清洗：主机用干净的湿布擦拭干净即可。严禁将主机浸泡在水中清洗。

❷ 碾磨杯的清洗：干磨花椒、八角、黄豆、花生仁后，细小的粉末就会聚集刀头，应先用清水配合清洁剂进行清洗，再用干布擦拭，最后用开水进行烫洗。

❸ 搅拌杯的清洗：水果中含有大量的纤维，如芒果和橙子等水果，在进行搅拌时，就会在刀头处堵塞很多的果肉。清洗时要将刀头处堵塞的纤维条按其绕的方向慢慢地抽出，其他的可用钢丝球进行刷洗。但不要过于用力。

❹ 搅肉杯的清洗：搅肉杯绞过肉之后，刀头处经常会有碎肉末，可用加有洗涤剂的温水清洗，然后再用清水洗净并擦干。注意不要用腐蚀性清洗用品。

❺ 每次使用并清理完料理机后，还应用开水烫一下，避免产生细菌，影响家人健康。

❻ 料理机清洗净不用时，应放在阴凉干燥处，以免电机受潮。

# 蒜蓉辣椒酱

制作时间
15分钟

难易度
★★

## 主料

干朝天辣椒150克，大蒜50克，生姜25克，清水300克

## 调料

盐10克，花椒5克

## 做法

① 干朝天辣椒用湿布揩去表面灰分，剪去蒂部。

② 大蒜剥皮，用刀拍裂；生姜洗净，去皮切片。

③ 锅入清水烧沸，入辣椒、花椒和盐。

④ 以中火煮约10分钟至辣椒软烂，离火晾凉。

⑤ 原料倒搅拌杯中，加大蒜和生姜，盖好杯口。启动机器，打成糊。

## 要点提示

· 取一消毒的广口玻璃瓶，装入制好的蒜蓉辣酱，封口，置于阴凉处备用。封口前淋点高度白酒，可起到防腐增香的效果。

# 香辣黄豆酱

制作时间
15分钟

难易度
★

## 主料

黄豆100克，大蒜20克，干朝天辣椒10克

## 调料

盐10克，花椒2克，五香粉2克

## 做法

① 黄豆拣净蛀虫豆，用清水洗两遍。再用温水浸泡8小时至涨透。

② 用手将每一粒黄豆捻去豆皮。

③ 锅入水烧开，下黄豆、干辣椒、花椒、盐和五香粉。

④ 用中火煮至能用手把黄豆捏成细末。

⑤ 锅离火晾凉。原料及水倒搅拌杯中，加入大蒜，盖好盖子。启动机器，打成糊状，装入消毒的瓶中存用。

## 要点提示

· 黄豆煮至熟烂，打成的糊口感才好。

· 煮豆水要适量，以成品酱能缓缓流动为好。

# 剁椒酱

制作时间
15分钟

难易度
★

## 主料

鲜红尖辣椒250克，生姜20克，蒜瓣20克

## 调料

高度白酒50克，盐25克，味精5克，十三香粉3克，色拉油30克

## 做法

① 将鲜红尖辣椒用净湿毛巾揩去表面灰分。剪去蒂，晾干表面水分。

② 生姜刨皮洗净，同蒜瓣一起分别拍松。

③ 将红尖辣椒放在料理机的搅拌杯中。

④ 加入生姜、蒜瓣、盐、味精、十三香粉、白酒和色拉油，盖好盖子。

⑤ 启动，打成酱状，装瓶封口，放置10天即成。

## 要点提示

· 一定要选用新鲜红艳且发挺的尖椒。超级嗜辣族可以挑选小红尖椒来做，或者加入几个在里面。

· 鲜红尖椒一定要晾干。否则在腌制时易腐败变质。

# 花生酱

制作时间
15分钟

难易度
★

## 主料

| | |
|---|---|
| 花生仁 | 300克 |

## 调料

| | |
|---|---|
| 白糖 | 10克 |
| 盐 | 5克 |
| 花生油 | 100克 |

## 做法

① 花生仁放在小盆中，注入沸水泡5分钟。

② 逐粒用手捻去表层红衣，晾干表面水分。

③ 坐锅点火，倒入花生油和花生仁。以小火炸至焦脆，离火晾凉，待用。

④ 把花生米倒在料理机的搅拌杯中，加入白糖。

⑤ 加盐，盖盖启动。打成糊，盛瓶中封口存用。

## 要点提示

· 花生仁千万不要炸煳，以免成品有苦味。

· 如想吃到脆脆的花生颗粒，搅打时间可短一些。

· 如喜欢甜味的花生酱，则增加白糖的用量，减少盐的用量。爱吃带辣味的花生酱，就加几个干辣椒。

# 苹果豆豉酱

制作时间
30分钟

难易度
★

## 主料

| | |
|---|---|
| 苹果 | 250克 |

## 调料

| | |
|---|---|
| 豆豉 | 100克 |
| 生姜 | 15克 |
| 白糖 | 10克 |
| 色拉油 | 50克 |

## 做法

① 生姜洗净，去皮，切碎，待用。净，同蒜瓣一起分别拍松。

② 苹果去皮及核，洗净，切成小丁。

③ 坐锅点火，注入色拉油烧至六成热，倒入豆豉炒香，盛出。

④ 将原料和调料放搅拌杯内，加盖，搅打成细泥。装瓶封口，旺火蒸约20分钟至透即可。

## 要点提示

· 苹果去皮后易发生褐变，应马上使用。

· 如果喜欢辣味，可加几个小米辣椒。

· 白糖要少放，如选用的苹果味甜不酸，则不需加白糖。

· 一定要蒸透，晾凉后再装入玻璃瓶内，封口存用。

# 韭菜花酱

制作时间
30分钟

难易度
★

## 主料

| | |
|---|---|
| 韭菜花 | 500克 |
| 雪梨 | 100克 |
| 生姜 | 10克 |

## 调料

| | |
|---|---|
| 精制粗盐 | 150克 |

## 做法

① 韭菜花先用盐腌软塌了，以方便料理机搅打均匀。

② 雪梨洗净，去皮及核，切块；生姜洗净切片。

③ 将雪梨块和姜片放在料理机的搅拌杯内。

④ 加韭菜花，盖盖，打成糊，装瓶封好口，放冰箱，一周后即可食用。

## 要点提示

· 韭菜花先用盐腌软塌了，以方便料理机搅打均匀。

· 雪梨也可用苹果代替，放这些主要用来综合一下韭菜花酱的辛辣味。

# 五香肉酱

制作时间
1.5 小时

难易度
★

## 主料

猪瘦肉400克，猪肥膘肉100克

## 调料

酱油 50克，葱段、姜片各20克，十三香料1小包（10克），白糖10克，盐适量

## 做法

① 猪瘦肉、猪肥膘肉分别切成2厘米见方的丁。

② 取一净砂锅，放入切好的猪肉丁。

③ 加入酱油、盐、白糖、葱段、姜片和十三香料包，拌匀腌20分钟。

④ 砂锅置火上，入水淹没肉块，以大火煮沸，转小火炖约1小时，离火晾凉，倒搅拌机中。

⑤ 加盖，启动打成酱状，盛装在调料盒中存用。

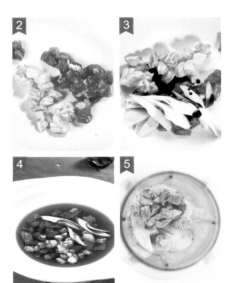

## 要点提示

· 要选用肥瘦兼有的猪肉。肥肉多，食之太油腻；过少，味道不香。

· 猪肉要用小火炖烂，并且留有少量的汤汁。

# 瘦身蔬菜奶昔

制作时间
15 分钟

难易度
★

## 主料

| | |
|---|---|
| 牛奶 | 250克 |
| 黄瓜、芹菜 | 各50克 |
| 开心果仁 | 20克 |
| 薄荷叶 | 5克 |

## 调料

| | |
|---|---|
| 白糖 | 10克 |

## 做法

① 黄瓜、芹菜分别洗净，切段。薄荷叶洗净，控净水。

② 开心果仁放入料理机碾磨杯内打成碎末。

③ 黄瓜、芹菜和薄荷叶放入料理机的搅拌杯内。

④ 倒入牛奶和白砂糖，盖紧盖，接通电源，启动按钮，搅拌约20秒钟。

⑤ 把奶昔倒在杯中，撒开心果仁碎，即可饮用。

## 要点提示

· 黄瓜和芹菜要选用新鲜且含水分多的。

· 加入开心果仁能增加香味和口感，用量宜少。

# 蓝莓黄桃奶昔

制作时间
15分钟

难易度
★

## 主料

| | |
|---|---|
| 牛奶 | 250克 |
| 大黄桃 | 1个 |
| 蓝莓 | 5颗 |

## 调料

| | |
|---|---|
| 蜂蜜 | 适量 |

## 做法

① 大黄桃用温水洗净，去皮及核。

② 蓝莓洗净去蒂，控去水分，待用。

③ 将黄桃肉和蓝莓放入盛器中拌匀。

④ 再倒入牛奶和蜂蜜拌匀。放入搅拌杯中，接通电源，启动按钮，开始搅拌约20秒钟即成。

## 要点提示

· 要选用质地发脆的大黄桃。

· 搅拌时，最好时间不要长，草莓最好还能看见一点小块状。

# 什锦水果奶昔

制作时间
15 分钟

难易度
★

## 主料

| | |
|---|---|
| 牛奶 | 200克 |
| 炼乳 | 25克 |
| 桃子 | 2个 |
| 香蕉 | 1个 |
| 草莓 | 6颗 |

## 做法

① 香蕉剥皮，切段。草莓用淡盐水洗净，去蒂。

② 桃子用温水洗净，去皮及核，切块。

③ 将桃子块、香蕉段和草莓混匀后放入料理机的搅拌杯内。倒入牛奶和炼乳，盖好盖子。

④ 接通电源，点动按钮，搅拌约20秒钟即成。

## 要点提示

· 水果品种多，根据自己的喜爱选用。

· 炼乳加入的量不要太多，否则，味道会太甜。

# 绿豆冰沙

制作时间
15分钟

难易度
★

## 主料

| | |
|---|---|
| 绿豆 | 100克 |
| 冰块 | 100克 |

## 调料

| | |
|---|---|
| 冰糖 | 4小块 |
| 蜂蜜 | 10克 |
| 糖桂花 | 5克 |

## 做法

① 绿豆淘洗干净，用清水浸泡6小时。

② 锅入适量清水烧开，放入绿豆以中火煮熟，撇净豆皮，待用。

③ 将绿豆、冰块、冰糖和100克煮绿豆水装在料理机的搅拌杯中。

④ 盖上盖，接通电源，开动机器，搅打成糊状。倒在杯中，淋上蜂蜜，撒上糖桂花即成。

## 要点提示

· 制作冰沙，主要运用料理机的搅拌杯和十字刀架来完成。

· 煮绿豆时，见其皮漂起来立即撇去。若受热时间过长，则会沉底。

# 猕猴桃蓝莓冰沙

制作时间 | 难易度
15 分钟 | ★★

## 主料

| 猕猴桃 | 200克 |
|--------|-------|
| 蓝莓 | 100克 |

## 调料

| 细砂糖 | 125克 |
|--------|-------|

## 做法

① 锅入125克水和细砂糖，以小火加热至溶化为糖水，倒出冷却，待用。

② 蓝莓用淡盐水洗净，控干水分。

③ 猕猴桃洗净，去皮切成块。将猕猴桃肉、蓝莓肉和50克水混合。

④ 放料理机杯中打成果泥。把猕猴桃和蓝莓果泥倒在糖水里，充分调匀。

⑤ 放冰箱冻成冰块。待食用时，把冰块再放入料理机的搅拌杯中打成冰沙即成。

## 要点提示

· 熬制糖水时若表面有杂质，可放入一个打发的鸡蛋白，待其定型捞出，杂质便可去除。

· 注意加糖量，使味道甜而适中。

# 水汆肉丸馅

制作时间 15 分钟　难易度 ★★

## 主料

猪肥瘦肉150克，鸡蛋清2个，湿淀粉15克

## 调料

生姜3片，盐2克，味精1克

## 做法

① 将猪肉上的筋膜剔净，切成小方块。

② 将猪肉块和姜片放入已安装好的料理机搅肉杯内。盖上杯盖旋紧，启动开关，搅打约15秒。

③ 再从杯盖上的投料口加入鸡蛋清、湿淀粉、盐和味精。

④ 待搅打成极细的泥状，即可取出制作水汆肉丸。

## 要点提示

· 制作荤素肉馅，主要运用料理机的搅肉杯和"S"形刀架来完成。

· 如果要想将肉馅做油炸丸子，就不需要打太细，呈粗末状即可。

· 如在夏季，必须使用冻过的鲜猪肉。若为鲜肉，应在搅拌过程中加入少量的冰水。否则，不易搅打上劲。

# 胡萝卜猪肉馅

制作时间
15分钟

难易度
★

## 主料

| | |
|---|---|
| 猪肉 | 300克 |
| 胡萝卜 | 300克 |
| 大葱 | 50克 |
| 姜片 | 10克 |

## 调料

酱油、盐、味精、十三香粉、花椒油各适量

## 做法

① 猪肉剔净筋膜，切成2～3厘米的方块。

② 胡萝卜洗净，控干水，切小段；大葱切段。

③ 把料理机的搅肉杯安装好，放入猪肉块、胡萝卜块、葱段和姜片。

④ 盖上杯盖旋紧，启动机器，选高速挡搅打约10秒钟。

⑤ 再从杯盖上的投料口加调料，搅拌均匀即可。

## 要点提示

· 将胡萝卜换成其他蔬菜，则为风味不同的蔬菜肉馅。

· 如果是包包子，打的时间短一点，如是包饺子，则应打的时间长一些。

# 黄酱牛肉馅

制作时间 30分钟

难易度 ★★

## 主料

| 鲜牛肉 | 500克 |
|--------|-------|
| 葱白 | 100克 |

## 调料

| 干黄酱 | 50克 |
|--------|------|
| 生姜 | 25克 |
| 料酒 | 20克 |
| 酱油 | 10克 |
| 盐 | 8克 |
| 味精 | 5克 |
| 胡椒粉 | 2克 |
| 香油 | 15克 |
| 色拉油 | 100克 |

## 做法

① 鲜牛肉剔净筋膜，洗净，切成2厘米见方的丁，用料酒拌匀静置约半小时。生姜洗净，切丁；葱白洗净，切段。

② 干黄酱放在小盆内，注入200克沸水调匀成稀糊状。

③ 坐锅点火，注色拉油烧至六成热时，倒在调稀的黄酱内，搅匀，晾凉待用。

④ 把料理机的搅肉杯安装好，放入牛肉丁、葱节和姜丁。盖上杯盖旋紧，启动机器，搅打5秒钟。

⑤ 边搅边从杯盖上投料口依次加入油炸黄酱、盐和酱油。待搅拌均匀后，再加入剩余调料，直至搅拌均匀即可。

### 要点提示

· 牛肉中不能有筋膜，否则影响口感。

· 干黄酱一定要先用沸水调稀，再用热油冲炸。这样酱香味才浓。

# 孜然羊肉馅

制作时间
30分钟

难易度
★★

## 主料

| | |
|---|---|
| 净羊肉 | 250克 |
| 洋葱、香菜 | 各50克 |
| 生姜 | 25克 |

## 调料

| | |
|---|---|
| 酱油、香油 | 各10克 |
| 孜然粉、花椒、盐 | 各5克 |
| 味精 | 3克 |
| 红辣椒面 | 2克 |
| 色拉油 | 50克 |

## 做法

① 将羊肉上的筋膜剔净，切成2厘米见方的丁。洋葱剥去外皮，生姜刨皮洗净，分别切片；香菜择洗干净，切段。

② 花椒放在碗内，注入100克开水泡10分钟，制成花椒水，过滤待用。

③ 把料理机的搅肉杯安装好，放入羊肉丁、洋葱、香菜段和姜片。盖上杯盖旋紧，启动机器，搅打5秒钟。

④ 边搅边从杯盖上投料口分次加入花椒水，直至加完。再加所有调料，搅匀即可。

## 要点提示

· 羊肉的膻味较重，故须加入花椒水以去膻，同时还应加大姜末的用量。

· 色拉油最好入锅，上火烧至七成热，晾凉再用。

· 孜然粉用量要足，以突出风味。

· 红辣椒面应少用，也可用辣椒代替。不喜欢也可不加。

# 第十章

## 面包机

面包机的主要用途就是制作各种口味的面包。
其实，
它的作用还是相当多的，
还可以制作蛋糕、发面，
甚至还可以制作酸奶、糕点。
这些作用你都可以去尝试。

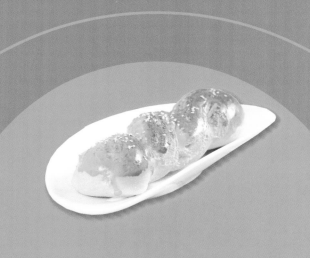

# 如何选购面包机

面包机，就是根据机器设定的要求，放入原料和调料后，自动和面、发酵、烘烤成各种面包的机器。市场上品牌面包机林林总总，在选购时应掌握以下几点：

❶ 最好选用一些知名企业生产的面包机。

❷ 购买外包装完好、封存妥当并且在包装上明确标明生产厂家、厂家地址和联系方式、产品型号、规格大小等信息的面包机产品。如外包装上出现破损、撕裂、水痕甚至摔伤时不要购买。

❸ 外观要精美，选购表面光洁、无划痕，做工细致、接缝紧密自然者。

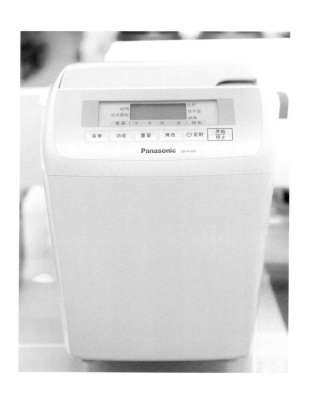

❹ 选择容易上手操作的。

❺ 选择一些程序拓展功能强的。

❻ 注重内部核心部件要有超长的使用寿命。

❼ 面包桶的材质一定要坚固，不易变形。用力按一下，不出坑、不变形的较好。

❽ 分体按键式的面包机较好，其按键寿命可延长一至三倍。

❾ 规格大小的选择，主要按家庭人口多少而定。面包桶容量可分为500克、750克、900克、1250克和1500克等常用的五种。普通家用容量以500～900克为主。

# 面包机的使用方法

① 将面包桶从面包机中取出洗净、擦干。（图1）

② 在面包桶内先倒入清水、牛奶或鸡蛋等液体原料。（图2）

③ 可根据自己的喜好选择口味，如果想做咸味的面包，则加盐，如果喜欢甜味，应加糖。

④ 加入调料后，再倒入适量高筋面粉把液体原料覆盖住。（图3）

⑤ 在高筋面粉上扒个小坑，倒入酵母粉。（图4）

⑥ 一切准备就绪后，将面包桶放入面包机体内，并且插上电源。

⑦ 选择程序，按照每款不同的面包机的程序使用，选择相应的菜单键、重量和烧色，然后按下启动键。面包机开始揉面，制作面包额定程序正式开始。（图5）

⑧ 经过反复搅拌、发酵和烘烤。到了设定的时间，面包即烤好。（图6）

## 小贴士

有些面包机有特色功能，如预约功能等，可在里面加入洋葱干、松仁或葡萄干等配料，具体加料可根据面包机而定。

# 面包机的清洗

**表面清洁**

① 面包机清洗前，应该首先把插头拔出，切断电源。

② 用柔软的湿布蘸取少量的中性洗洁液，轻轻擦拭，再用净干布擦干。

③ 不可使用汽油或其他溶剂，应保持面包机表面的干燥。

**附件清洁**

① 初次使用，应把面包桶洗净擦干，并在桶内刷点油，让它空转一会儿。

② 每次使用后，所用的附件都需清洗干净，以防积污结垢。

③ 长期不用时，附件应清洁烘干，存放在面包机的桶内。

# 咸味面包

制作时间 15分钟　难易度 ★

## 主料

高筋面粉300克，酵母粉4克，清水200克

## 调料

白砂糖10克，盐6克，色拉油45克

## 做法

① 将清水、色拉油、盐和白砂糖依次放入面包机的面包桶内。

② 倒入高筋面粉后，在中间扒个小洞，放入4克酵母粉。

③ 合上盖子，选择菜单键中的普通面包、重量500克、中烧色，按启动键开始。

④ 经反复搅拌、发酵和烘烤，约3个小时，待面包机发出"嘀嘀"声，即可取出面包切片食用。

## 要点提示

· 如果想吃结实点的面包，酵母和水均少放些；如果想吃柔软面包，酵母和水应多放些。

· 在开始制作面包时，最好选最小的比例来操作。这样相对来说，时间不会太长。

# 甜味面包

制作时间
15分钟

难易度
★

## 主料

高筋面粉300克，鸡蛋液50克，酵母粉4克，清水150克

## 调料

白砂糖45克，盐3克，色拉油30克

## 做法

① 将鸡蛋液、清水、色拉油、盐和白砂糖依次放入面包桶内。

② 倒入高筋面粉后，在中间扒个小洞，放入4克酵母粉。

③ 合上盖子，选择菜单键普通面包、重量500克、浅烧色，按启动键后开始烘烤。

④ 经反复搅拌、发酵和烘烤约3个小时，面包机发出"嘀嘀"声提示烘烤结束，即可取出切片。

## 要点提示

· 如果喜欢重油重糖的面包，就要适当加大糖和油的用量。但需选择菜单键高级面包。

· 如果想吃更柔软蓬松的面包，最好选用菜单键法式面包。因为法式面包发酵时间更长一点。

# 香蕉奶味面包

制作时间 60分钟　难易度 ★★

## 主料

| | |
|---|---|
| 高筋面粉 | 300克 |
| 鲜牛奶 | 100克 |
| 奶粉 | 30克 |
| 香蕉 | 1根 |
| 鸡蛋黄 | 2个 |

## 调料

| | |
|---|---|
| 白砂糖 | 45克 |
| 盐 | 3克 |
| 色拉油 | 30克 |
| 酵母粉 | 4克 |

## 做法

① 香蕉剥去外皮，切成小段；高筋面粉过细箩除去粉粒，待用。

② 将鲜牛奶和色拉油放面包桶内，依次加白砂糖、盐、香蕉段、奶粉和高筋面粉，最后加酵母粉。

③ 将面包桶放入面包机内，合上盖。按菜单键选择甜味面包、重量500克、浅烧色，按启动键开始。

④ 第一次搅拌和发酵停止后，取出面团，放撒扑面的案板上，分3份，搅拌和发酵停止后取出。

⑤ 放撒扑面的案板上，分4份。取两份搓同面包桶长的短圆柱形，另两份搓两头尖尖的长圆条形。

⑥ 将长圆条形缠在圆柱形上，即成面包生坯。

⑦ 并排放入面包桶，刷上蛋黄液，合上盖子。

⑧ 经发酵和烘烤至面包机发出"嘀嘀"提示音响后，面包即好。

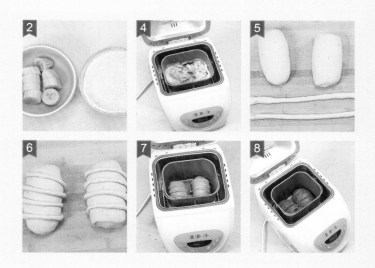

## 要点提示

· 香蕉选用表皮金黄且略带黑点的，会更有味道。

· 香蕉不必压成泥，在面包机的搅拌过程中会逐渐成泥。如果喜欢香蕉味浓的，就多加香蕉。

# 椰蓉面包

制作时间
60分钟

难易度
★★

## 主料

| | |
|---|---|
| 高筋面粉 | 300克 |
| 牛奶 | 150克 |
| 椰蓉 | 25克 |
| 鸡蛋 | 60克 |
| 酵母粉 | 4克 |

## 调料

| | |
|---|---|
| 白砂糖 | 40克 |
| 盐 | 3克 |
| 黄油 | 25克 |

## 做法

① 将牛奶和50克鸡蛋液倒入面包桶内，依次加入黄油、白砂糖、盐和高筋面粉，最后将酵母放在高筋面粉上。

② 将面包桶放入面包机内，合上盖子。选择菜单甜味面包键、重量500克、浅烧色。然后按启动键开始。

③ 待搅拌和发酵停止后，取出面团，擀成长方形，抹上20克椰蓉。然后横着卷成圆桶形，捏紧封口处。再用剪刀斜剪深为4/5的刀口。然后，将刀口一左一右拉成麦穗形。

④ 放入面包桶，合上盖子，再经过发酵和烘烤。待时间剩余30分钟时，在表面刷上剩余鸡蛋液，撒上剩余椰蓉。

⑤ 续烤至面包机发出"嘀嘀嘀"提示烘烤结束，即可取出面包食用。

### 要点提示

· 黄油应提前放在室温下溶化。

· 卷起后的封口处一定要捏牢，以免成形时散开。

· 成形后的长度要与面包桶的长度相当。

# 花生面包

制作时间
60分钟

难易度
★★

## 主料

| 高筋面粉 | 300克 |
|---|---|
| 去皮花生米 | 50克 |
| 鸡蛋液 | 40克 |
| 清水 | 170克 |

## 调料

| 酵母粉 | 4克 |
|---|---|
| 花生酱 | 15克 |
| 白砂糖 | 10克 |
| 盐 | 5克 |
| 色拉油 | 30克 |

## 做法

① 去皮花生米用温油炸熟后，趁热与2克盐拌匀，待晾冷后压成碎末，待用。花生酱用50克温水调澥，待用。

② 将30克鸡蛋液和清水一起倒入面包桶内，再加入色拉油、盐、白砂糖和高筋面粉，最后放入酵母粉。将面包桶放入面包机内，合上盖。按菜单键选择甜面包、重量500克、浅烧色，再按开始键。

③ 当面团经过第一次发酵停止后，取出面团，擀成长方形。先抹上一层花生酱，再撒上花生碎。然后横着卷起，用刀从中间切下至4/5

处，再将刀口向上翻成两个相连的"回"形。

④ 放入面包桶，继续发酵和烘烤。待面包机发出"嘀嘀"提示音时烘烤结束，即可取出面包食用。

### 要点提示

· 花生酱质地稍硬，使用前必须用温水调稀。这样能均匀地抹在面片上。

· 此面包为咸味的，应掌握好加盐量

· 面团抹馅料后要卷紧，封口处要捏牢。

155

# 腊肠香蒜面包

## 主料

| | |
|---|---|
| 面包 | 4个 |
| 腊肠 | 50克 |

## 调料

大蒜10克，盐2克，味精1克，黑胡椒少许，黄油20克

## 做法

① 大蒜放在钵内，用木槌捣成细蓉。腊肠斜刀切成薄片。

② 黄油放入碗中化开，加入蒜蓉、盐和黑胡椒拌匀。

③ 用面包机做好面包，将每个面包表面涂上一层调好的黄油，再放上腊肠片，入预热180℃的烤箱内烤10分钟，即可取出食用。

# 香蒜黄油面包

## 主料

| | |
|---|---|
| 面包 | 4片 |

## 调料

| | |
|---|---|
| 大蒜 | 6瓣 |
| 盐 | 少许 |
| 黄油 | 20克 |

## 做法

① 黄油入碗，放在室温下溶化。大蒜放在案板上，先用刀拍松，再剁成碎末。

② 将蒜末放入黄油中，加入盐搅拌均匀至呈浓稠状。

③ 用面包机做好面包，将每一片面包两面都蘸匀香蒜黄油酱。摆在烤盘上，入预热180℃的烤箱内烤10分钟，即可取出食用。

### 主料

面包2个，金枪鱼罐头50克，彩椒50克，熟鸡蛋1个

### 调料

| | |
|---|---|
| 沙拉酱 | 20克 |
| 盐 | 1克 |

### 做法

① 将面包放在烤面包机里烤黄，待用。金枪鱼切碎；彩椒洗净，去蒂及籽，切碎；鸡蛋剥壳，切小丁。

② 将做法2的原料放在小盆内，加入盐和沙拉酱拌匀。

③ 将烤好的面包表面放上调好的金枪鱼沙拉，即可食用。

金枪鱼面包

### 主料

| | |
|---|---|
| 面包 | 2个 |
| 烤豆子罐头 | 适量 |
| 火腿 | 50克 |

### 调料

| | |
|---|---|
| 色拉油 | 10克 |

### 做法

① 将面包放在烤面包机里烤黄，待用。火腿切成厚约0.3厘米的片。

② 平底锅上火炙好，放入色拉油烧热，入火腿片煎热取出。再放入烤豆子加热后，盛出备用。

③ 将面包表面放上煎好的火腿片和烤豆子即可食用。

烤豆火腿面包

# 熏肉鸡蛋面包

## 主料

| | |
|---|---|
| 面包 | 4个 |
| 熏肉 | 4片 |
| 鸡蛋 | 2个 |

## 调料

| | |
|---|---|
| 盐 | 少许 |
| 黄油 | 20克 |

## 做法

① 平底锅坐火上，以中火烤热，放入黄油加热至溶化，放入熏肉片。

② 再把鸡蛋磕在一边，撒上少许盐，翻煎至刚熟。同时，把用面包机做好的面包，面包放在微波炉里加热。

③ 每个面包上放2片熏肉和1个鸡蛋，即可食用。

# 鸡蛋火腿面包

## 主料

| | |
|---|---|
| 面包 | 4个 |
| 鸡蛋 | 2个 |
| 火腿 | 75克 |

## 调料

| | |
|---|---|
| 炼乳、色拉油 | 各适量 |

## 做法

① 用面包机做好面包，面包切去硬边，每片切成相等的4份；火腿切成薄片。

② 鸡蛋磕入碗内，用筷子充分调匀，待用。面包上放一片火腿片，再蘸匀鸡蛋液。

③ 坐锅点火，注色拉油烧至四成热，放入面包炸透，捞出控油装盘，最后淋上炼乳即成。

## 主料

蛋糕粉100克，白葡萄酒50克，葡萄干25克，鸡蛋2个，泡打粉、苏打粉各3克

## 调料

| | |
|---|---|
| 白砂糖 | 80克 |
| 色拉油 | 80克 |

## 做法

① 葡萄干入碗，加入白葡萄酒泡透，待用。

② 将色拉油、鸡蛋、白砂糖、蛋糕粉、泡打粉和苏打粉依次放入面包桶内。

③ 把面包桶放入面包机内，合上盖子，选择"蛋糕"功能菜单，按启动键开始。约20分钟后面包机停止搅拌，加入葡萄干。

④ 合盖继续烘烤。待发出"嘀嘀"声，蛋糕即好。把蛋糕取出，切块装盘食用。

葡干鸡蛋糕

## 主料

蛋糕粉160克，牛奶45克，蜂蜜45克，鸡蛋4个

## 调料

| | |
|---|---|
| 白砂糖 | 120克 |
| 盐 | 3克 |
| 色拉油 | 60克 |

## 做法

① 将鸡蛋磕入小盆内，加入白砂糖，用电动打蛋器打发。

② 加入蜂蜜和色拉油继续顺一个方向打发。再加入过箩的蛋糕粉拌匀。

③ 将面包桶内涂匀一层色拉油，倒入调好的蛋糊。选择"蛋糕"键程序烤制。待提示音响起，即可取出食用。

蜂蜜鸡蛋糕

# 海绵蛋糕

## 主料

蛋糕粉150克，鸡蛋270克，吉士粉6克，酵母粉3克

## 调料

| | |
|---|---|
| 白砂糖 | 120克 |
| 色拉油 | 30克 |

## 做法

① 将鸡蛋磕入小盆内，加入白砂糖，用电动打蛋器打发。加入40克色拉油继续顺一个方向打发。

② 依次加入蛋糕粉、吉士粉、酵母和剩余的色拉油，搅拌约4分钟，使蛋糊充分起泡。

③ 将面包桶内涂匀一层色拉油，倒入调好的蛋糊。选择"蛋糕"键程序烤制。待提示音响起，即可取出食用。

# 草莓椰子蛋糕

## 主料

蛋糕粉200克，椰子粉100克，草莓果酱50克，鸡蛋2个，小苏打4克

## 调料

白糖150克，盐2克，色拉油100克

## 做法

① 将鸡蛋磕入小盆内，加入白砂糖，用电动搅拌器顺一个方向打发。加入果酱拌匀，再加入色拉油慢慢搅匀。

② 将蛋糕粉、小苏打和盐一起过筛，倒入蛋液中搅匀。最后加入椰子粉拌匀，待用。

③ 将面包桶内涂匀一层色拉油，倒入调好的蛋糊。选择"蛋糕"键程序烤制。待提示音响起，即可取出食用。